ASIMMETRIE ANTIRELATIVISTICHE

COLLANA

I FONDAMENTI SCIENTIFICO-FILOSOFICI DEL III MILLENNIO

Rocco Vittorio Macrì
(a cura di)

ASIMMETRIE ANTIRELATIVISTICHE

EINSTEIN, LA RELATIVITÀ E I SUOI FLOP

Titolo | Asimmetrie antirelativistiche
Sottotitolo | Einstein, la Relatività e i suoi FLOP
Autore | Rocco Vittorio Macrì

ISBN | 978-88-91197-44-3

Youcanprint Self-Publishing
Via Roma, 73 – 73039 Tricase (LE) – Italy
www.youcanprint.it
info@youcanprint.it
Facebook: facebook.com/youcanprint.it
Twitter: twitter.com/youcanprintit

INDICE

Questo secondo volume della collana EPISTEME3 – I FONDAMENTI SCIENTIFICO-FILOSOFICI DEL III MILLENNIO – raccoglie i lavori di studiosi e scienziati (alcuni di fama internazionale) dal "pensiero divergente", che non accettano di sottostare nell'illusione che tutto proceda senza macchia all'interno del pensiero unico dominante imposto dall'establishment scientifico, resistendo all'*argumentum ad verecundiam*, grazie al quale – come denunciava già all'epoca Cartesio – la stragrande maggioranza degli studiosi «spesso si astengono dall'esaminar molte cose [...] poiché stimano che possano esser comprese da altri forniti di maggior intelligenza, abbraccian[d]o il parere di coloro sulla cui autorità maggiormente confidano».

Il lavoro di Rocco Vittorio Macrì (primo capitolo) mette a fuoco le *asimmetrie occultate* dalla Relatività al suo interno, autentici FLOP che non possono essere coperti con un dito: si tratta di argomentazioni così potenti, così "nucleari" che anche le menti scientifiche più pure, prive della struttura filosofica e della costellazione epistemica di un adepto di Platone e Aristotele, non potranno più girare la testa e non prendere atto della intrinseca incoerenza della Relatività di Einstein. Ciò vale anche per il fisico e l'ingegnere che hanno posto in essere un minimo accenno di dubbio o tentativo di resistenza alle argomentazioni scientifico-filosofiche del primo volume della collana: *La realtà del tempo e la ragnatela di Einstein.*

L'articolo di Giuseppe Antoni e Umberto Bartocci (secondo capitolo) propone un approfondimento sull'Esperimento Fizeau: uno dei cardini favorevoli alla Relatività e riconosciuto come potentemente contrario ad essere "addomesticato" sotto una spiegazione pre-einsteiniana, diviene ora magicamente risolto in chiave classica e non relativistica. Ecco un argomento sottratto al dominio dei relativisti – un'*asimmetria esplicativa* apparente – che fa ben sperare che la soluzione di ogni enigma irrisolto dalla fisica classica sia vicino ad una soluzione elementare, a pochi passi dalla ragione semplice cartesiana.

Il lavoro di Umberto Bartocci (terzo capitolo) nel restituire dignità alla geometria di Euclide pone in dubbio il valore filosofico delle geometrie non-euclidee, invertendo l'*asimmetria acquisita* dopo gli sforzi di Gauss, Lobachevsky, Bolyai e Riemann: si tratta di salire sulla vetta più ardita della conoscenza, dove solo un grande matematico che abbia al contempo potenti capacità filosofiche può fare luce su questioni tanto complesse quanto basilari. La portata delle geometrie non-euclidee, a questo punto, viene ridimensionata, e con essa tutte le nuove conoscenze del XIX e XX secolo che ad essa si aggrappavano.

L'articolo di Franco Selleri (quarto capitolo) è la soluzione matura e definitiva (l'ultimo lavoro prima della sua scomparsa, per questo ancora più prezioso) dell'effetto Sagnac che nasce all'interno di un disco rotante attraversato da raggi luminosi. Si tratta dell'*effetto asimmetrico* che ha resistito più di ogni altro alla trattazione relativistica, al tentativo di essere addomesticato all'interno della Relatività Speciale. Selleri ha dedicato più lustri alla sistematizzazione di tale effetto, il quale, grazie al concetto di *continuità leibniziana*, emette un verdetto strabiliante: il crollo della Relatività.

Il lavoro di Giuseppe Tomasello dell'Università di Catania (quinto capitolo) ci propone un'analisi critica accurata e meticolosa del saggio di Einstein sull'effetto fotoelettrico che gli valse il premio Nobel nel 1921. L'autore dimostra come il concetto di *Lichtquant* o "quanto di luce" venne sottratto al merito di Max Planck, il quale ne è il legittimo padre. Un'*asimmetria storica* che può oggi essere finalmente invertita, restituendo il pregio alla figura di Planck.

Il gruppo di articoli di Rocco Vittorio Macrì alla fine del volume (sesto capitolo: *Asimmetrie antirelativistiche del campo* [1999]; *Sull'aspetto solipsistico della teoria della relatività* [1997]; *Un'interpretazione antirelativistica dell'effetto Sagnac* [1997]; *Trigonometria relativistica* [2001]) formano una collezione di lavori datati – dal 1997 al 2001 – che non sono mai stati pubblicati, perché respinti dall'establishment. Infatti, criticare Einstein un paio di decenni fa appariva alla collettività scientifica fortemente presuntuoso e pazzoide, molto più di oggi. Eppure non sono stati vani: hanno potuto ispirare e stimolare scienziati anticonformisti come Franco Selleri, Umberto Bartocci, Fabio Cardone, Marco Mamone Capria e rimangono come testimonianza di una mente appassiona alla ricerca della verità. *Asimmetrie antirelativistiche del campo* aveva centrato in un modo così originale la problematica relativistica, in modo così sostanziale, che Selleri (uno dei più grandi scienziati europei) riteneva tale lavoro un capolavoro assoluto: più volte tentò di far pubblicare l'articolo con una sua lettera di presentazione; la stessa cosa fece il prof. Cardone, membro del Comitato Nazionale per le Ricerche (CNR) e osservatore scientifico per il Ministero della Difesa, salito alla ribalta internazionale negli ultimi tempi per i suoi esperimenti "piezo-nucleari". Insomma, *Asimmetrie* rimane ancor oggi un centro coagulante: questo volume prende le mosse proprio da esso, avvolgendolo come una spirale.

Rocco Vittorio Macrì

INTRODUZIONE

Il concetto di Falsificatore Logico Potenziale (FLOP)

Karl Popper ci ha fornito uno strumento necessario al fine di testare - corroborare - la bontà di una teoria scientifica: il cosiddetto *Falsificatore Potenziale*. Lo status di teoria scientifica è proporzionale al numero di falsificatori potenziali capaci di mettere in ginocchio - potenzialmente - la teoria in questione. Nella sua *Logik der Forschung*, pubblicata a Vienna nell'autunno del 1934, Popper innescò un punto di svolta contro il *verificazionismo* neopositivistico: «Se vogliamo evitare l'errore positivistico… dobbiamo scegliere un criterio che ci consenta di ammettere, nel dominio della scienza empirica, anche asserzioni che non possono essere verificate. […] Queste considerazioni suggeriscono che, come criterio di demarcazione, non si deve prendere la verificabilità, ma la falsificabilità del sistema». Il metodo falsificazionista consiste appunto nel «prendere in considerazione possibili falsificatori invece di possibili verificatori». Più apertamente: «Una teoria si dice "empirica" o "falsificabile" quando divide in modo non ambiguo la classe di tutte le possibili asserzioni-base in due sottoclassi non vuote. Primo, la classe di tutte quelle asserzioni-base con le quali è contraddittoria (o che esclude, o vieta): chiamiamo questa classe la classe dei falsificatori potenziali della teoria; secondo, la classe delle asserzioni-base che essa non contraddice (o che "permette"). Possiamo formulare più brevemente questa definizione dicendo: una teoria è falsificabile se la classe dei suoi falsificatori potenziali non è vuota».

Ma chiediamoci adesso: cos'è, in ultima analisi, un *falsificatore potenziale*? Un verdetto sperimentale, un test empirico, un *esperimentum crucis*. Siamo, cioè, dentro il solco dell'empirismo. Ma l'epistemologo contemporaneo sa da qualche tempo di non poter contare molto sull'esperimento. Perché quest'ultimo va a sua volta interpretato e non può essere dispensato dal successivo processo ermeneutico. Perché in fondo un numero infinito di esperimenti non riuscirebbe a far perdere il carattere di provvisorietà di una teoria scientifica. E questo Popper lo sapeva bene. Il Falsificatore Potenziale di Popper è, quindi, necessario ma non sufficiente. Ecco allora il senso dell'emersione di nuovo concetto nel campo dei fondamenti della conoscenza scientifica, quello di *Falsificatore Logico Potenziale* (FLOP). Grazie a questo nuovo concetto emergente si potrà resettare una teoria ancora viva e fortemente supportata dagli esperimenti senza aspettare un secolo o due per una certa verifica empirica, denominata falsificatore popperiano, capace di farla saltare. È il caso della Relatività di Einstein: vanta un milione di verifiche sperimentali all'anno e più di un secolo di adozione, eppure da un momento all'altro potrebbe essere falsificata per l'emersione di un FLOP. Per la verità, già nel presente volume – *Asimmetrie antirelativistiche* – ci sono le dimostrazioni lampanti dell'emersione di ben più di un FLOP! E le dimostrazioni di questo genere di *falsificatori* sono deduttive: serve solo un'attitudine filosofica tra cervelli seduti intorno ad un tavolo per trovare un accordo – la verità – e restituire dignità e attualità al sogno di un Leibniz, il quale vedeva nella razionalità il vincolo dell'univocità e dell'inconfutabilità.

Si veda, a titolo di esempio, la seguente figura presa in prestito da un libro curato da Franco Selleri (R.V. MACRÌ, *I FLOP nella trattazione relativistica del tempo*, in F. SELLERI (a cura di), *La natura del tempo*, Bari 2002, p. 284):

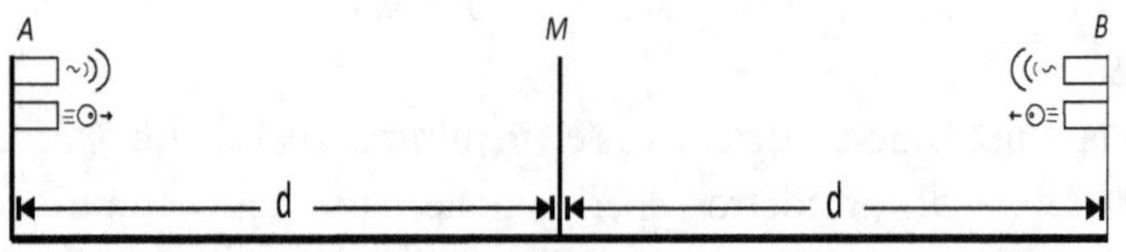

Supponiamo di collocare tale sistema composto da due emettitori di luce e due di particelle simmetricamente posti all'interno della "nave di Galileo" (si ricordi il *Gran Naviglio...*), ponendo A e B rispettivamente in prua e in poppa. Poniamo come condizione α la nave "ferma" (prima dell'accelerazione), e denominiamo β la condizione successiva alla "partenza", una volta recuperato il moto inerziale (dopo l'accelerazione). Durante la condizione α vengono "sparati" due proiettili e due lampi di luce nel medesimo istante, in modo simmetrico da A e B verso M; anzi, tramite dei timer collegati agli stessi emettitori A e B, le particelle e i lampi di luce viaggino verso M ad intervalli di tempo identici e sufficientemente estesi da permettere un'eventuale impulso o accelerazione transitoria della nave tra un'emissione e la successiva: i timer verranno inizialmente (cioè in α) sincronizzati fino all'arrivo simultaneo dei proiettili in M. Inoltre, ogni volta che in A viene sparato un proiettile lo stesso meccanismo faccia emettere contemporaneamente un lampo di luce: in altri termini, gli emettitori di luce e di particelle siano sincronizzati tra di loro. Lo stesso valga in B.

Domandiamoci ora: una volta sincronizzati gli emettitori particellari (i proiettili arrivano simultaneamente al punto centrale M), i lampi di luce arriveranno anch'essi simultaneamente? Per rispondere affermativamente dobbiamo dare ad α proprietà di *isotropia totale* (equivalente a quella di un cosiddetto *Aether Frame*): in queste condizioni è tautologico affermare che i proiettili e i lampi arriveranno in M contemporaneamente (naturalmente a due a due, prima i lampi e poi i proiettili). Supponiamo, per adesso, di essere in questa situazione isotropica, nel vuoto assoluto, fuori dalla presenza di alcun *plenum* o mezzo eterico sostanziale. Si noti che si tratta di una condizione ammissibile per la fisica: tra gli infiniti sistemi di riferimento possibili scegliamo quello particolarissimo con isotropia totale. A questo punto imprimiamo un'accelerazione transitoria (impulso) alla nave. Saranno ancora simultanei in M i due proiettili? E i due lampi di luce?

E qui viene il bello! Ci troviamo, a questo punto, nella seguente antinomia: Il *principio di relatività galileiano* e il *principio di conservazione della quantità di moto* pongono in maniera ineludibile la simultaneità in M per i corpi materiali: se questa esisteva in α allora deve esistere necessariamente anche in β. Se il postulato di relatività einsteiniano è un allargamento di quello galileiano, allora è necessario che anche i lampi di luce arrivino simultaneamente come i corpi materiali. Ma gli esperimenti ideali di Einstein sulla relativizzazione della simultaneità prevedono invece un comportamento asimmetrico di A e di B (cioè, tecnicamente, antibalistico), tale che, se i lampi di luce arrivano simultaneamente in M quando si è in α, allora non possono più essere simultanei successivamente nelle condizioni inerziali di β. Il principio cardine della conservazione della quantità di moto, nella sua purezza e cristallinità, mantiene la simmetria imposta inizialmente, cosa che non fa la luce. Ne discende che la velocità della luce nella condizione β non è isotropica come per i due proiettili e che ciò equivale ad ammettere un falsificatore potenziale in relazione al postulato di relatività: se Galileo avesse usato dei lampi luminosi al posto degli "animaletti" e delle "goccioline" avrebbe potuto discriminare il movimento della nave rispetto a quello precedente (utilizzando un ibrido di lampi e particelle, come nel sistema rappresentato in figura, si avrebbe una netta disparità tra la simultaneità persistente delle particelle e il ΔT di ritardo tra i due lampi, proporzionale alla velocità acquisita dalla nave tramite l'accelerazione transitoria). Ecco l'emersione di un FLOP.

Va qui evidenziato che il ragionamento è fatto in *linea di principio* e non è a sua volta falsificabile dall'esperimento: infatti, anche se una serie di esperimenti dovesse manifestare che l'asimmetria tra proiettili e lampi di luce non avviene, l'argomentazione resterebbe sempre valida e porterebbe ad ammettere l'esistenza di un etere luminifero capace di attenuare i sopracitati effetti (esistenza fatale per la Relatività quanto il FLOP).

Il *Falsificatore Logico Potenziale* è, dunque, un nuovo concetto epistemologico, capace di incrementare il livello di contrasto e percezione analitica nelle teorie fisiche. La valenza e l'urgenza di un tale strumento sono richieste, a nostro avviso, per via di un progressivo impoverimento filosofico (sia nel senso di analfabetismo "contenutistico", sia in quello sillogistico "formale" così degenerato da far pensare a «un indebolimento e un generale decadimento della ragione» – per usare le parole di un filosofo eccelso dei nostri tempi, Jaques Maritain – se l'*irrazionale*, l'*anti-intuitivo*, l'*assurdo* hanno preso piede così tanto nella letteratura scientifica contemporanea. Maritain ha denunciato con enfasi e in più passaggi il dramma di come si sia oramai arrivati al punto di non saper «più tirar la conclusione di un sillogismo»: «Il mondo moderno produce e consuma una straordinaria quantità di derrate intellettuali. Non ci sono mai stati tanti autori, tanti professori, tanti ricercatori, tanti laboratori e strumenti, tanto talento, tanta carta. Ma se vogliamo stimare le cose dalla qualità, e non dal peso, si vedrà ciò che esso in realtà è, e si rimarrà spaventati dalla diminuzione dell'intelligenza. L'Intelligenza in senso comune, l'agilità nell'agitar parole, è ben presente, e regna; ma l'intelligenza vera è soltanto una mendicante scacciata da ogni luogo». Tant'è che secondo la profonda analisi del pensatore francese bisogna addirittura difendere la stessa ragione dal contagio dominante della scienza: «Qualche anno fa ci si divertiva a dire: Difendi la tua pelle contro il tuo medico. Il mondo moderno è costretto ora di dire a se stesso, e con maggior ragione: Difendi la tua ragione contro gli scienziati». Quello che manca negli attuali curricoli scientifici è – per dirla con le parole di Maritain – la «mancanza di solida base filosofica», come emerge dalle affermazioni di scienziati come Feynman: «La ricchezza filosofica, la facilità, la ragionevolezza di una teoria sono tutte cose che non interessano». Ettore Majorana aveva già analizzato con profondità la questione: «Intanto le scienze, specializzatissime, ritengono di non aver da preoccuparsi minimamente di tali questioni [le basi concettuali, i fondamenti] che con disprezzo dichiarano psicologiche. Né hanno

da preoccuparsi di questioni logiche e di problematiche filosofiche».
L'acume filosofico e scientifico del Majorana era avvertito e temuto
da molti: si trattava di un genio profondissimo la cui passione per la
fisica non poteva certo esaurire le sue risorse mentali, filosofiche e
spirituali che andavano ben al di là dell'orizzonte scientifico. «"Il
Grande Inquisitore è un metafisico", così lo etichettano i suoi
amici…». Uno dei grandi fisici italiani dell'era di Fermi, Bruno
Pontecorvo, porta un'incisiva testimonianza di quanto appena
delineato: «Majorana possedeva già una erudizione tale ed aveva
raggiunto un tale livello di comprensione della fisica da potere
parlare con Fermi di problemi scientifici da pari a pari. Lo stesso
Fermi lo riteneva il più grande fisico teorico dei nostri tempi. Spesso
ne rimaneva stupito». Enrico Fermi poi attesterà: «Al mondo ci sono
varie categorie di scienziati; gente di secondo e terzo rango, che
fanno del loro meglio ma non vanno lontano. C'è anche gente di
primo rango, che arriva a scoperte di grande importanza,
fondamentale per lo sviluppo della scienza. Ma poi ci sono i geni
come Galileo e Newton. Ebbene Ettore era uno di quelli. Majorana
aveva quel che nessun altro al mondo ha». Risultano, dunque,
estremamente rilevanti le osservazioni e le riflessioni di Ettore
Majorana sul nucleo epistemologico della scienza dell'epoca: «C'è
nella filosofia della scienza d'oggi quasi un'immensa diffidenza della
natura. Forse, direbbe Federico Nietzsche, un nuovo spirito
apollineo che ha paura della verità naturale, e vuole costruire
qualcosa di puro, di razionale, di immateriale, per cui il rigore
logico, la dimostrazione matematica, il calcolo sublime darebbero la
misura del vero. In questo modo si riduce il problema della scienza a
mera costruzione ipotetico-deduttiva, la quale conduce a
conclusioni necessarie e forzose sulla base di asserzioni ipotetiche
ritenute sicure e incontestabili». E ancora: «Quel ch'è certo è che i
nostri docenti non colgono mai l'essenziale delle questioni e
infilzano un teorema dietro l'altro, senza minimamente preoccuparsi
di chiarire criticamente quel che di mutante sta avvenendo nella
concezione della scienza moderna. Ma se andassi a esporre queste

cose all'Università, potrei solo fare, se ne avessi il coraggio, la fine di Boltzmann: suicidarmi».

Diceva Platone che «chi vede l'intero è filosofo, chi no, no», contrariamente al sentire contemporaneo, il quale sembra voler spezzare in modo tanto deciso quanto irresponsabile il nesso storico ed epistemologico tra scienza e filosofia, dimenticando che la prima è figlia della seconda: «La filosofia e la scienza sono assai più intimamente legate che non credano gli scienziati che disprezzano la prima e i filosofi che ignorano la seconda», come scrive uno dei rari fisici non deprivato delle conoscenze filosofiche, come Antonio Garbasso.

Dall'importanza di riposizionare la scienza all'interno della filosofia, ribaltando lo schema post-einsteiniano, nasce l'esigenza e la materializzazione del FLOP. Il nostro concetto di *falsificatore logico potenziale* (FLOP) prende le mosse dall'analisi popperiana sul cosiddetto *falsificatore potenziale*, sfociando però in un programma più teoretico e audace: ogni teoria può nascondere al suo interno dei salti concettuali, buche logiche, ragionamenti difettosi, paralogismi, antinomie, incompatibilità tra supposizioni implicite e postulati espliciti, i quali verranno alla luce improrogabilmente ma non necessariamente "adesso": "prima o poi", "potenzialmente". Viene dunque suggerito di denominare come FLOP la classe di tutti *quei falsificatori latenti di tipo puramente logico o formale*, tramite i quali, nello stato affiorante o emergente, la teoria si rende contraddittoria e incoerente. In modo del tutto generale, il FLOP è l'elemento che smaschera e rivela le sfuggenti, potenziali, occulte, subliminali buche logiche annidate internamente. Mentre il falsificatore potenziale popperiano è prevalentemente empirico e induttivo, emergente tramite il baconiano *experimentum crucis,* il FLOP è esclusivamente logico, filosofico, concettuale, deduttivo. Laddove il primo qualifica un sistema come scientifico, il secondo lo rende incoerente e contraddittorio: una teoria è razionale se è esente da FLOP.

Lapalissiana risulta la relazione parentale del suddetto concetto con quello di *incoerenza logica*. D'altra parte il concetto prende le mosse dalla nuova intelaiatura epistemologica che si è venuta a creare con Einstein (e in seguito con la meccanica quantistica) circa l'utilizzo massiccio e l'enormità del peso concettuale del cosiddetto *esperimento mentale* o "Gedankenexperiment", neutralizzando così ogni tentativo di addurre al neologismo la caratteristica di ridondanza. In altri termini, il FLOP è un "contro-esperimento" mentale, capace di invalidare, vanificare o confutare le tesi di partenza, laddove una teoria ripone fiducia e aspettative nel Gedankenexperiment, come quella di Einstein.

Il FLOP è in fondo una risposta coerente e omogenea a all'approccio verificazionista adottato da Einstein: approccio che solo successivamente si sarebbe trasformato in oggetto di vera avversione perché divenuto motore filosofico della nuova concezione irrealista e indeterministica che sta alla base della nuova meccanica di Bohr, Born e Heisenberg. Addentrarsi in un Gedankenexperiment significa entrare in una folta landa di argomentazioni, di ragionamenti, di assunzioni implicite e a volte occulte (cioè mai emerse alla luce del sole, mai chiarite in modo definitivo), ma significa anche aspettarsi l'emersione di un FLOP da un momento all'altro. Si potrebbe parafrasare: «Chi di Gedankenexperiment ferisce, di FLOP perisce!», e non si tratta di un'esagerazione; se la validità di un concetto deriva dall'applicabilità di determinate operazioni, e queste dalla loro *pensabilità,* allora, in linea di principio, diventa consequenziale la possibilità teorica di una determinata operazione astratta o immaginaria che invalidi l'argomentazione adottata anteriormente, individuando, cioè, il FLOP celato. Il *singolo x* crea, e il *singolo y* distrugge. Basterebbe qui ricordare i titanici duelli "a colpi di *Gedankenexperiment*" tra Einstein e Bohr, i quali fecero epoca. In genere Einstein elaborava un certo esperimento mentale, convinto della sua coerenza intrinseca, mentre Bohr si divertiva a trovare il FLOP annidato e a distruggere l'intera impalcatura einsteiniana con un contro-esempio. La filosofia del *Gedankenexperiment* inabissò l'intera metafisica della novella *teoria dei quanti,* fino a consolidarsi come piattaforma epistemologica della seconda rivoluzione scientifica. Una valutazione critica dimensionata sull'argomento appare tanto urgente quanto lacunosa nel panorama della moderna epistemologia, e tanto si potrebbe fare, come testimonia un'analisi di Popper «sull'uso e abuso degli esperimenti immaginari, specialmente nella teoria dei quanti».

Si noti che a volte possono passare decenni prima che il FLOP annidato salti a galla. Scrive Franco Selleri in *La natura del tempo*: «Il FLOP più famoso è quello del teorema di J. von Neumann che "dimostrava" l'impossibilità di una riformulazione causale della meccanica quantistica. Formulato nel 1932, il teorema era matematicamente rigoroso, ma aveva una fondamentale debolezza di impostazione (insufficiente generalità degli assiomi) che ha dovuto aspettare le ricerche di Bohm e Bell (1966) per essere smascherata. Per più di trent'anni c'era una buca logica, ma nessuno se n'era accorto! E tuttavia il grande prestigio di von Neumann, aiutato dalle esplicite dichiarazioni di altri grandi personaggi, ottenne in pratica, per molto tempo, il risultato di proibire l'attività scientifica nella direzione della causalità e del realismo. Ecco dunque dei fattori extralogici al lavoro, in accordo con la tesi di Macrì. Quando Bohr, Heisenberg, Born e Pauli dichiaravano che il teorema di von Neumann rendeva impossibile un completamento causale della teoria dei quanti, andavano al di là di ciò che comprendevano razionalmente, altrimenti avrebbero visto i gravi limiti del teorema. Le loro affermazioni nascevano dalla convenienza e non da un processo logico ineccepibile. Oggi il teorema è superato e il re è nudo...».

In altri termini, nonostante il disconoscimento e l'opacità filosofica predominante da parte della comunità scientifica, la Relatività è costellata da connessioni e collegamenti filosofici, così come un neurone lo è dalle sinapsi, a tal punto che diventa giustificato qualificare Einstein come filosofo oltre che come scienziato. Ed è proprio nella veste di filosofo che Einstein "mise mano" alla *trattazione relativistica della simultaneità*: essa compare infatti all'inizio del saggio del 1905, prima ancora di aver scritto le trasformazioni di Lorentz e aver dato forma matematica alla teoria. L'esempio è lampante: uno dei cardini della fisica pre-relativistica, l'esistenza del tempo assoluto, viene demolita sulla base di principi logico-filosofici privi di formule matematiche. Diventa, altresì, legittimata (oltre che motivata) per il medesimo motivo l'azione indagatrice del filosofo che volesse attaccare (così come fece Bergson) col puro ragionamento le argomentazioni di Einstein: ha il diritto e la possibilità di poterlo fare, nonostante l'"altolà" ingiustificato della "guardia matematica" di turno. E in effetti, nei primi decenni del secolo, ci fu una così grande serie di attacchi da scienziati e filosofi, una serie interminabile di dimostrazioni di presunte fallacie logiche, a tal punto che nella sezione dedicata alla relatività del Congresso Internazionale di Filosofia tenutosi a Napoli nel 1924 il presidente – il matematico Jacques Hadamard – fece accettare il principio secondo cui non doveva essere consentito di mettere in discussione alcun argomento di carattere puramente logico contro la relatività ristretta, principio che Ettore Majorana non digerì!

«Il fatto che la Relatività Ristretta di Einstein sia... inattaccabile dal punto di vista matematico – scrive Majorana – non giustifica che il grande matematico Hadamard presiedendo la sezione Relatività del Congresso Filosofico di Napoli 1924, abbia fatto accettare il principio che qualunque argomentazione di carattere puramente logico contro la prima relatività einsteiniana non debba più venir neppure presa in considerazione e messa in discussione. Però anch'io non dovrei parlarne più, se non voglio dare le dimissioni da *fisico teorico*». L'atteggiamento di chiusura dogmatica di una teoria scientifica come la Relatività invita a considerazioni sociologiche oltre che epistemologiche. Tutto fa sembrare che la mancanza di senso critico all'interno della teoria sia indice di quell'impoverimento filosofico già discusso, di quell'analfabetismo che ha reso cieca la comunità scientifica, soggiogata dai ripetuti e innumerevoli successi che la Relatività miete, nonostante sia incoerente nelle fondamenta.

I punti deboli e *filosoficamente* trattabili sono molti nella teoria di Einstein, in particolare quando – seguendo l'invito del fisico Michele La Rosa – si «provi a spogliare la teoria di Einstein della ricca veste matematica ed a tradurre in linguaggio concreto, cioè in idee e concetti, i mirabolanti risultati nascosti nelle formule abbaglianti». Questo nostro illustre fisico ha più volte richiamato l'attenzione dei suoi colleghi circa «le spaventevoli demolizioni che la teoria [della relatività] ha largamente seminato nel campo dei concetti più generali», trovando una corrispondenza di vedute con la classe più colta e filosoficamente raffinata dei fisici italiani. Tra i più stimati ci piace ricordare: Augusto Righi, Carlo Somigliana, Cesare Burali Forti, Quirino Majorana (zio di Ettore Majorana), Michele Cantone. Col tempo però, quasi seguendo la linea di Max Planck quando afferma che gli oppositori prima o poi «muoiono e una nuova generazione si familiarizza con la nuova teoria sin dall'inizio», ai tentativi di confutazione si sostituirono quelli di assorbimento.

Eppure il tasto toccato dal fisico La Rosa è centrale: se il pensiero einsteiniano ha potuto imporsi così massicciamente sulle cristalline e filosofiche osservazioni dei critici, ciò è da addebitarsi in buona parte alla "copertura", alla fascinazione e al potere di uno speciale linguaggio in stile criptico in auge all'interno della comunità scientifica: il linguaggio della matematica. Nella nostra epoca, infatti, alla trasparenza del pensiero logico-razionale, impossibilitato ad apparire "nudo" per mancanza di omologazione, viene avviluppato un esasperato formalismo matematico tale da conferire alle stesse teorie un surplus di scientificità, prestigio, autenticità e autorevolezza, diversamente mal riconosciute e approvate. Spesso linee di pensiero inconsistenti o estremamente deboli vengono rivestite di un forzato simbolismo per ricevere credibilità, impressionando e intimidendo così l'ignaro lettore. Scriveva il grande Eulero nel 1768: «Quando però i dotti si vantano di conoscenze tanto sublimi, rimane per lo meno molto sospetto che non riescano poi a renderle intelligibili». A questo punto, la famosa affermazione di Niccolò Copernico, «*Mathemata mathematicis scribuntur*», non può essere più accettata: se la matematica moderna assurge ad una dimensione iper-semantica, trascendendo e travolgendo quella iper-sintattica da sempre riconosciutale, allora non possiamo lasciare l'esclusiva della relativa "decodifica" ai matematici. Appare, cioè, sottovalutato nella nostra epoca il pericolo di una matematica "cabalistica" che – usando i termini di Bacone – «generi» e «procrei» la scienza stessa. Dirac è stato il promotore, più di ogni altro, di questa tendenza contemporanea nella scienza. Le sue parole appaiono paradigmatiche: bisogna «scoprire prima le equazioni e poi, dopo averle esaminate, gradualmente imparare ad applicarle». Non è quello che sta succedendo, ad esempio, nella *Teoria delle stringhe*? Non stiamo forse costruendo una «Physics in the shadow of Mathematics», come sottolinea Pyenson? D'altra parte, come armonizzare queste affermazioni con quella autorevole di un matematico come Bertrand Russell?: «La matematica può essere definita come la materia nella quale non sappiamo mai di che cosa stiamo parlando, né se ciò che stiamo dicendo è vero». In effetti, il formalismo matematico non permette di asserire o di negare la plausibilità fisico-logico-filosofica di una teoria. Come giustamente evidenzia Bridgman: «Ogni sistema di equazioni può comprendere solo una piccolissima parte della situazione fisica effettiva: dietro le equazioni vi è uno sfondo descrittivo enorme, tramite il quale esse stabiliscono legami con la natura».

SIMMETRIE FORZATE E SIMMETRIE INFRANTE NELLA RELATIVITÀ SPECIALE

Rocco Vittorio Macrì

> *«È davvero strano come la gente sia spesso sorda agli argomenti più validi e sia invece propensa a sopravvalutare la precisione delle misure»*
>
> Lettera di Einstein a Max Born, 1952

Due protoni fermi a mezz'aria, un centimetro l'uno dall'altro, si trovano parallelamente[1] davanti a noi. La loro forza di repulsione data dal fatto che sono due cariche dello stesso segno viene neutralizzata da una fantasmatica molla di spessore infinitesimo: le due cariche si trovano in equilibrio. All'obiezione che una simile molla non esiste nella realtà, viene risposto che si sta compiendo un *Gedankenexperiment*, un esperimento mentale, ideale. Ma nulla vieta di pensare a due sfere cariche al posto dei protoni e ad una molla reale (anche se si inviterà successivamente ad astrarre da essa). Meglio ancora, possiamo immaginare due semplici protoni senza alcun vincolo: per evitare che la loro mutua repulsione li allontani eccessivamente visualizzeremo l'esperimento nella nostra mente ad una velocità adeguata, il tutto si svolgerà prima che i protoni si allontanino mutuamente in modo sconveniente per ciò che andremo ad esporre. Ma per facilitare l'esposizione in linea di principio, ci si assecondi, solo per un primo momento, nell'usare la prima immagine evocata.

Ecco, quindi, i due protoni che stanno di fronte a noi ad un centimetro l'uno dall'altro: sono sospesi per semplicità in uno spazio vuoto, privo di aria e senza risentire dell'attrazione gravitazionale della Terra (ricordiamo che si tratta di un esperimento immaginario simile a quelli ideati da Einstein e da Bohr: astrarre è concesso

---

[1] Diciamo, uno a destra e uno a sinistra, non uno dietro l'altro, per interderci.

perché si tratta di un ragionamento fatto in linea di principio). Ad un certo punto, mentre i due protoni rimangono fissi rispetto al nostro sistema di coordinate, ci allontaniamo da loro ad una certa velocità (non ha importanza per la nostra argomentazione dare maggiori specificazioni). Se, mentre ci stiamo muovendo, diamo uno sguardo ai protoni che sono rimasti fermi, noteremo forse qualche cambiamento riguardo la loro distanza di congiungimento iniziale? Cosa ci dice la Relatività a tal proposito? Da Galileo fino ad Einstein, la relatività insegna che in questo caso si tratta di una cosa ovvia: nessuna differenza nella distanza tra le due cariche. Le cariche rimangono esattamente lì dove si trovano, sia se siamo in moto sia se rimaniamo fermi. Idem se invece di allontanarci ci avviciniamo ad esse: la situazione è simmetrica.

Adesso, ritornando nella situazione di partenza, facciamo in modo di far allontanare i due protoni da noi ad una certa velocità. Cosa prevede la relatività di Einstein in questo secondo caso? I due protoni rimarranno sempre ad un centimetro di distanza tra di loro? Secondo la teoria di Einstein sì. La loro distanza non varierà. Ciò rimane implicitamente ed esplicitamente incasellato sullo sfondo epistemologico del significato di *relatività del moto* e del concetto di *frame swap* collegato[2]. La nuova relatività di Einstein, infatti, è un'estensione della vecchia relatività di Galileo: «L'innovazione di Einstein consiste nell'aver esteso il principio [di relatività] all'intera

---

[2] Se due sistemi arrivano, come nella Relatività, al *frame swap* (sistema di coordinate interscambiabile) riotterranno la medesima fenomenologia di partenza. Ogni coppia di sistemi inerziali in moto relativo tra di loro può scambiarsi (o invertire) il ruolo di "osservatore" senza mutare i risultati. «La situazione è interamente simmetrica» (R.L. FABER, *Differential Geometry and Relatività Theory*, New York 1983, p. 109). E tutto ciò al di là della genesi del moto. Cfr. R.V. MACRÌ, *La realtà del tempo e la ragnatela di Einstein. I passi falsi di un genio contro la Time Reality*, Lecce 2015, in particolare il quarto capitolo: *La sintesi newtoniana e il frame swap*, pp. 37 sgg. O, anche, dello stesso autore, *Cent'anni di Relatività. Un punto di vista filosofico*, «Sapienza», LIX, 4, 2006.

fisica»[3]. Questo è quanto afferma ogni fisico e ogni esperto di Relatività: «…è poi lecito scambiare sistema in quiete e sistema in moto, giacché si tratta di fenomeni di moto relativo»[4]. Ciò risulta di primaria importanza, si tratta dello spirito stesso della relatività. La stessa etichetta della teoria di Einstein come "teoria della relatività", voluta da Max Planck quando ne appiccicò il nome, rivendica la sua vocazione come estensione della relatività di Galileo che rischiava di essere parzializzata con le conquiste elettromagnetiche dell'Ottocento. È questo lo «spirito fondamentale della relatività ristretta», come garantisce il noto fisico di fama internazionale Franco Selleri[5]. Lo stesso Einstein afferma in modo chiarissimo che la ragione per cui scompare il concetto di etere è quella stessa per la quale non ha senso parlare di sistema privilegiato: «Il principio di relatività implica… che le leggi della natura riferite a un sistema di coordinate K' in moto uniforme rispetto all'etere siano eguali alle corrispondenti leggi riferite a un sistema di coordinate K che sia a riposo nell'etere. Se però le cose stanno così abbiamo ragioni altrettanto buone di immaginare l'etere a riposo rispetto a K', che rispetto a K»[6].

Si noti che, se i nostri due protoni dovessero manifestare un comportamento *asimmetrico* tra la prima parte dell'esperimento

---

[3] W. RINDLER, *La relatività ristretta*, Roma 1971, p. 9. Cfr. pure C. MØLLER, *The Theory of Relatività*, Oxford 1972, p. 4.

[4] G. CASTELNUOVO, *Spazio e tempo secondo le vedute di A. Einstein*, Bologna 1981, p. 36; cfr. pure p. 30.

[5] F. SELLERI, *Il principio di relatività e la natura del tempo*, in "Giornale di fisica", XXXVIII, 2, 1997, p. 71. Come sottolinea il grande filosofo Henri Bergson: «Nella teoria della Relatività, non c'è più un sistema privilegiato. [...] L'essenza stessa della teoria è questa» (H. BERGSON, *I tempi fittizi e il tempo reale*, in H. BERGSON, *Durata e simultaneità*, Bologna 1997, pp. 186-187). Cfr. pure H. BERGSON, *La pensée et le mouvant*, nota 1 all'introduzione, tr. it. in H. BERGSON, *Durata e simultaneità*, op. cit., pp. 200-201.

[6] Cit. in L. KOSTRO, *Einstein e l'etere. Relatività e teoria del campo unificato*, Bari 2001, p.58, e anche p. 62.

ideale (siamo noi a muoverci) e la seconda (sono loro a muoversi), ciò basterebbe a far crollare di netto la Relatività di Einstein. Significherebbe che la cosiddetta *relatività del moto* non può applicarsi in questo caso. E di casi contrari alla Relatività ne basta anche uno solo per sfasciare l'imponente impalcatura che «un milione di conferme sperimentali all'anno»[7] hanno elevato! Da Popper in poi è notorio, infatti, che è sufficiente un solo esperimento scientifico contrario per togliere validità ad una teoria pur confermata da un miliardo di altri esperimenti[8]. Può sembrare strano, ma un miliardo di esperimenti a favore non sono sufficienti per garantire la correttezza di una teoria: «Le teorie non sono *mai* verificabili empiricamente»[9]. Basta un solo caso contrario per rendere una teoria non più attendibile. Ebbene, questo è il caso! Sì, perché è risaputo dal diciannovesimo secolo che due cariche dello stesso segno in moto parallelo si attraggono![10] Si tratta dell'ormai classico e celeberrimo *esperimento di Ampère*. Veniamo ora ad approfondire l'argomento.

Il 1820 segna lo spartiacque tra il mondo meccanico di Newton (vecchio mondo) e il mondo elettromagnetico di Maxwell (nuovo mondo)[11]. In quell'anno venne alla luce la celeberrima esperienza di

---

[7] S. BERGIA, *Einstein e la relatività*, Bari 1980, p. 133.

[8] Cfr. K.R. POPPER, *Logica della scoperta scientifica*, Torino 1970.

[9] Ivi, p. 22.

[10] Più precisamente, la forza coulombiana che tende a respingerle viene attenuata dalla forza amperiana che tende ad attrarle.

[11] In realtà la data potrebbe essere anticipata di 20 anni se poniamo come innesco del *big bang elettromagnetico* la scoperta della *pila* ad opera di Alessandro Volta, nel 1800. Infatti, è grazie ad essa se poi Ørsted, Ampère, Ohm, Faraday, Henry, Ruhmkorff, Pacinotti, Hertz, etc. potranno compiere esperimenti con la cosiddetta *corrente elettrica*. A rigore, anche l'*esperienza di Ørsted* del 1920 fu anticipata da un italiano nel 1802. Lo stesso Ørsted ammise in una pubblicazione sull'Enciclopedia di Edimburgo nel 1830 che «la conoscenza del lavoro di Romagnosi avrebbe anticipato la scoperta dell'elettromagnetismo di diciotto anni». In realtà Gian Domenico Romagnosi venne totalmente ignorato dalla

Hans Christian Ørsted, fisico danese, la quale fu la prima dimostrazione certa di una correlazione tra la corrente elettrica e il campo magnetico. Ørsted, durante la preparazione del materiale per una lezione, venne sorpreso dal movimento dell'ago di una bussola magnetica posta nelle vicinanze di un filo elettrico in cui scorreva corrente.

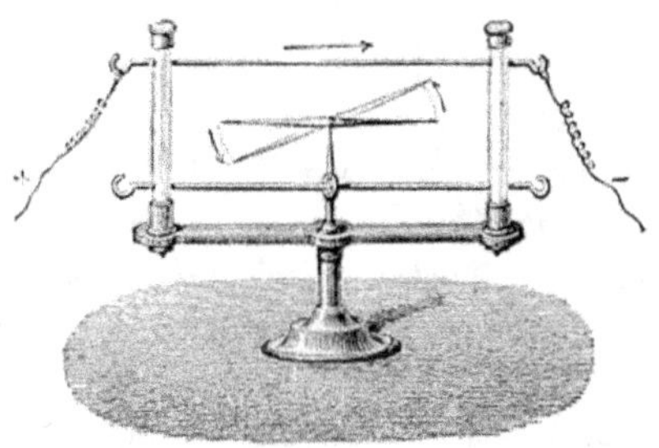

Egli rimase così sorpreso che provò a ripetere l'esperimento. Oggi sappiamo che le correnti elettriche generano un campo magnetico, principio alla base dell'elettromagnetismo. Qualcosa di molto vicino balenò nella mente di Ørsted nell'osservare il comportamento della bussola posta in prossimità del filo elettrico percorso da corrente[12].

comunità scientifica internazionale. Dopo aver pubblicato i suoi risultati sui giornali di Trento e Rovereto, inviò una relazione all'Accademia delle scienze francese: la comunità scientifica dell'epoca, ritendo che da un notaio e letterato non potesse venir fuori nulla che fosse imparentato anche lontanamente ad una scoperta scientifica, ne trascurò completamente il contenuto. Ecco un esempio lampante di come il cosiddetto *argumentum ad verecundiam* ("dimmi chi sei e ti dirò quanto valgono le tue affermazioni") sia stato sempre attivo all'interno dell'establishment scientifico, almeno fin dal 1800.

[12] H.C. ØRSTED, *Experimenta circa effectum conflictus electrici in acum magneticam*, 1820, Hafniae (Copenaghen), pubblicata in francese: *Expériences sur l'effet du conflict électrique sur l'aiguille aimantée*, «Annales de chimie et de physique», 1820, vol. 14, p. 417- 425. La mente di Ørsted comincia a sfornare in poche settimane una serie di approssimazioni sempre crescenti, dall'effetto magnetico prima longitudinale al filo, poi trasversale, fino ad arrivare al "cerchio

L'annuncio della scoperta provocò grande interesse negli ambienti accademici. Il primo che ne intuì la portata fu il francese André-Marie Ampère, che già ad una settimana dall'esser venuto a conoscenza riuscì a compiere la sua memorabile esperienza [13]. Ampère collegò due fili conduttori a due diverse batterie, collocandoli vicini tra di loro. In una prima esperienza li dispose in maniera tale che le correnti avessero la stessa direzione e lo stesso

---

rotante": «According to Ørsted's final view, the magnetic effect of an electric current rotates around the conducting wire» (R. de A. MARTINS, *Resistance to the discovery of electromagnetism: Ørsted and the symmetry of the magnetic field*, in F. BEVILACQUA & E. GIANNETTO (eds.), *Volta and the History of Electricity*, Milano 2003, pp. 245-265). La novità assoluta dell'esperimento sta nel fatto che per la prima volta nella storia della *physis* viene manifestata una fenomenologia totalmente differente dalle classiche attrazioni, o più in generale, dalle azioni distanza che prima di allora erano sempre state *rettilinee* e congiungenti le sorgenti: un filo conduttore, se disposto parallelamente ad un ago magnetico, vede l'ago ruotare di 90° e disporsi perpendicolarmente al filo, quando in esso viene fatta circolare corrente. Ørsted suggerisce che l'effetto è "circolare": la rotazione avviene in un senso con l'ago disposto sotto il filo, in senso opposto se si dispone l'ago sopra il filo. Inoltre individua che le forze magnetiche sono *distribuite nello spazio* che circonda il filo e sono costituite da cerchi, «poiché è nella natura dei cerchi che movimenti da parti opposte debbano avere opposte direzioni».

[13] Il saggio di Ørsted si diffonde in Europa: Arago lo legge all'Accademia di Parigi l'11 settembre 1820; tra i presenti c'è André-Marie Ampère. Definito da Maxwell il "Newton dell'elettricità", una settimana dopo l'annuncio di Arago all'Accademia, egli scrive una nota in cui annuncia la scoperta delle azioni ponderomotrici tra fili percorsi da correnti elettriche. Convinto newtoniano, riesce a trovare la spiegazione in soli termini newtoniani dell'esperienza di Ørsted (si veda la nota successiva). Nel portare a compimento questo programma in termini di azioni a distanza, due anni più tardi Ampère arriva anche ad una importante conclusione che trascende gli scopi per cui aveva iniziato a lavorare: «C'est ainsi qu'on parvient à ce résultat inattendu, quel es phénomènes de l'aimant sont uniquement produits par l'électricité [È cosi che si perviene a questo risultato inatteso, che i fenomeni magnetici sono unicamente prodotti dalla elettricità]» (A.M. AMPÈRE, *Recueil d'Observations Électro-Dynamiques*, Paris 1822, p. 22).

verso: notò che si materializzavano delle forze tra i fili, tali da attivare un'attrazione vicendevole[14]. Quando successivamente invertì una delle correnti, stessa direzione ma verso opposto, notò che le forze diventavano di tipo repulsivo e allontanavano i due fili. Egli

---

[14] Quello che cercava fin dall'inizio Ampère era appunto una legge in stile newtoniano di attrazione/repulsione, simile a quella trovata da Coulomb. La sua stessa *forma mentis*, cioè, ha scartato tutta quella valanga di alternative che troverà un decennio più tardi Faraday (in una lettera del 1822 indirizzata ad Ampère, scrive quest'ultimo: «Sono per natura scettico nei confronti delle teorie e di conseguenza vi prego di non serbarmi rancore per il fatto che non accetto immediatamente la vostra [...] Non riesco a capire in che modo vengano prodotte le correnti [...] Sono dunque costretto a trovare la mia strada seguendo la stretta concatenazione dei fatti»). Ampère stesso manifesta la sua euristica con queste parole: «Newton ci ha insegnato che [ogni fenomeno naturale] deve essere ricondotto, per mezzo del calcolo, a forze agenti sempre tra due particelle materiali secondo la retta che le congiunge, in modo che l'azione esercitata da una di queste particelle sia uguale ed opposta a quella che quest'ultima esercita nello stesso tempo sulla prima»; «... ho ricondotto il fenomeno osservato da Oersted [...] a forze agenti sempre secondo la retta che congiunge le due particelle tra le quali queste si esercitano. Inoltre, ho stabilito che la stessa disposizione o lo stesso movimento dell'elettricità in un filo conduttore si verifica anche intorno alle particelle dei magneti»; «secondo la mia formula è possibile calcolare le forze che si sviluppano tra le particelle di un magnete e quelle di un conduttore o di un altro magnete, secondo rette che congiungono due a due le particelle di cui si considera la mutua azione. I risultati del calcolo sono completamente verificati dalle esperienze fatte e dal loro accordo con le leggi di Coulomb, sull'interazione tra due magneti, e di Biot, sull'interazione tra un magnete e di un conduttore» (A.M. AMPÈRE, *Théorie des phénomènes électro-dynamiques, uniquement déduite de l'expérience*, Paris 1826, pp. 6 sgg.). Insomma, Ampère restò attaccato al formalismo matematico, come ogni newtoniano dell'epoca. Da ciò derivava la critica di Faraday contro «la tendenza a matematizzare eccessivamente i fenomeni» (E. BELLONE, *Michael Faraday*, in P. ROSSI (a cura di) *Storia della Scienza*, Tomo I, Vol. 2, Torino 1988, p. 591). Rimane tuttavia incontestabile, la sentenza esternata Ampère al fine di superare le tante controversie sulle possibilità molteplici di spiegazione: «Qualunque sia la causa fisica alla quale si vogliano attribuire i fenomeni elettrodinamici, la formula che ho ottenuto rimarrà sempre l'espressione dei fatti» (A.M. AMPÈRE, *Théorie des phénomènes électro-dynamiques, uniquement déduite de l'expérience*, op. cit., p. 8).

intuì che se un conduttore attraversato da corrente elettrica genera una fenomenologia di forze magnetiche, allora lo stesso magnete e ogni altro corpo che generi tali forze deve avere al suo interno delle correnti elettriche in atto[15]. Ampère calcolò la misura della forza che ogni filo esercita sul tratto dell'altro arrivando alla semplice e celeberrima formula matematica[16], oggi alla portata di ogni liceale:

$$F = \frac{\mu_0}{2\pi} \frac{i_1 \cdot i_2 \cdot l}{d}$$

dove μ_0 è la costante di permeabilità magnetica del vuoto, cioè l'attitudine di una sostanza a lasciarsi magnetizzare. Dalla formula si nota che la forza è direttamente proporzionale alle due intensità di corrente ed è inversamente proporzionale alla distanza tra i fili (l è la lunghezza del tratto).

A due secoli di distanza, oggi sappiamo che la formula di Ampère è un caso particolare della cosiddetta *forza di Lorentz*, in onore al grande fisico olandese Hendrik Antoon Lorentz (1853-1928), premio Nobel per la fisica nel 1902. Se, infatti, un campo magnetico esercita una forza su un conduttore percorso da corrente, è lecito pensare che in realtà ciò sia dovuto al fatto che ogni particella carica che si muove in un campo magnetico subisce una forza, poiché la corrente è costituita da cariche in movimento concorde. La forza complessiva agente sul conduttore sarà data

---

[15] «Ad AMPÈRE (1820) spetta il grande merito di aver proposto una interpretazione dei fenomeni magnetici che, *mutatis mutandis*, è ancora oggi valida e riconduce i fenomeni magnetici ad azioni tra correnti elettriche» (E. PERUCCA, *Fisica generale e sperimentale*, 2 voll., Torino 1960, VII edizione, vol. II tomo 1, § 210).

[16] In effetti la sua formula originaria era più complessa, nella quale venivano considerate forze centrali, agenti fra elementi infinitesimi di corrente secondo la legge dell'inverso del quadrato della distanza.

dunque dalla somma vettoriale delle forze di Lorentz agenti sulle singole cariche (elettroni) in moto con velocità v:

$$F = -e \cdot v \times B$$

Arrivare, d'altra parte, alla formula della *forza di Lorentz* a partire dalla *formula di Ampère* è un passaggio elementare ed immediato. Basta raggruppare quest'ultima nella seguente forma:

$$F = \left(\frac{\mu_0 \cdot i_1}{2\pi d}\right)(i_2 \cdot l)$$

e ricordare che la parte tra la prima parentesi è quella che in fisica viene definita come *intensità del vettore campo magnetico* B. Per cui l'equazione può essere riscritta come

$$F = B \cdot I \cdot l$$

dove si è messo I al posto di i_2. Ciò porta al calcolo dell'intensità della forza di Lorentz partendo dalla forza esercitata dal campo magnetico B su un tratto di filo di lunghezza l percorso da una corrente I. Una particella con carica q che si muove in quel tratto di filo produce una corrente data dalla sua intensità di carica nell'unità di tempo, quindi:

$$I = \frac{q}{t}$$

Se la particella si muove con velocità uniforme v, percorre un tratto l in un tempo t e la corrente può essere definita come:

$$I = \frac{qv}{l}$$

In questo modo, l'intensità della forza di Lorentz diventa:

$$F = qv\mathrm{B}$$

ed introducendo il cosiddetto *prodotto vettoriale* ($\times$) e ricordando che la carica unitaria q nel caso di un filo percorso da corrente è associata all'elettrone ($-e$), quest'ultima diventa

$$F = -e \cdot v\times\mathrm{B}$$

c.v.d. Nel nostro caso è interessante notare come dalla $I = \frac{qv}{l}$ si arrivi immediatamente alla cosiddetta *densità di corrente J*, che esprime l'intensità di corrente in modo unitario, astraendo dalla lunghezza del conduttore l :

$$J = qv \ \text{(per singole cariche)}, \ J = nqv \ \text{(per } n \text{ cariche)}$$

Questo porta a considerazioni scientifico-filosofiche singolari. Infatti, se all'inizio dell'Ottocento la manifestazione magnetica della *corrente elettrica* era emersa da esperimenti inerenti al *collegamento elettrico* (circuito) tramite fili metallici, ordinariamente di rame, denominati *fili elettrici* (si ricordi la cosiddetta *analogia idraulica*), col tempo – in pochi decenni – si intravvede e prende forma un nuovo *paradigma*, un nuovo modo di intendere e concettualizzare la corrente e la fenomenologia elettromagnetica collegata: *ogni carica elettrica in moto è da considerarsi causa e fondamento della corrente. Di più: gli effetti magnetodinamici della corrente si risolvono in essa. Una singola carica elementare in movimento produce l'esatto effetto elettrodinamico e magnetodinamico scoperto all'origine nella corrente circolante in un cavo elettrico o in un circuito elettrico*[17]. *Quindi due cariche in moto parallelo (affiancate, non una dietro l'altra) nello spazio devono avvertire l'identica fenomenologia dell'esperienza di Ampère: cariche dello stesso segno si attraggono, cariche di segno opposto si respingono.*

Con ciò veniamo a minare l'intera Relatività einsteiniana alle fondamenta. Infatti, il sillogismo che ne scaturisce è incontrovertibile:

1. [Premessa maggiore] La Relatività di Einstein è un'estensione di quella di Galileo: secondo il postulato di relatività tutti i moti sono relativi e interscambiabili (*frame swap*).
2. [Premessa minore] L'esperienza di Ampère nel nuovo paradigma di Lorentz porta ad un'asimmetria tra il moto

---

[17] Basterebbe qui ricordare il famoso *esperimento di Rowland* del 1876. Nei laboratori di Berlino messigli a disposizione da Helmholtz, il giovane fisico americano Henry Augustus Rowland (1848-1901) realizzò un esperimento che oggi sarebbe ritenuto un risultato da premio Nobel. Rowland fece ruotare un disco di ebanite di 21 centimetri di diametro, caricato elettricamente, a 60 giri al secondo, al fine di dimostrare che cariche in moto possono generare campi magnetici analogamente alle correnti. Per rivelare il campo magnetico venne usato un aghetto magnetizzato posto nelle vicinanze del disco, protetto dagli effetti elettrostatici da una custodia metallica. Per avere un'idea della difficoltà dell'esperienza, è sufficiente osservare che l'intensità del campo magnetico generato dal disco in rotazione risultava circa 50.000 volte più piccola di quello terrestre. I risultati furono puramente qualitativi ma l'esito fu positivo. Per un resoconto più approfondito si veda J.D. MILLER, *Rowland and the nature of electric currents*, «Isis» 1972, 63, pp. 4-27; J.D. MILLER, *Rowland's magnetic analogy to Ohm's law*, «Isis» 1975, 66, pp. 230-241; J.D. MILLER, *Rowland's physics*, «Physics Today» luglio 1976, pp. 39-45. Per una descrizione precisa e illuminante di un esperimento simile a quello di Rowland si confronti il lavoro del rinomato professore di fisica sperimentale del politecnico di Torino E. PERUCCA, *Fisica generale e sperimentale*, op. cit., vol. II tomo 2, § 452.

dell'osservatore rispetto a due cariche ferme e il moto delle due cariche rispetto all'osservatore fermo.

3. [Conclusione] Pertanto, se il postulato di relatività fosse esaustivo, non dovrebbe esistere nessuna asimmetria tra cariche ferme e cariche in moto. La fenomenologia che emerge nell'elettrodinamica di Ampère e Lorentz porta ineluttabilmente al crollo del postulato di relatività.

Il lettore esperto sa bene che la cosiddetta *contrazione di Lorentz* non può parare i colpi in questo caso. Infatti la suddetta contrazione possiede una fenomenologia solo sul livello longitudinale al moto (ad esempio, accorciando una "collana" di cariche disposte una dietro l'altra) e mai trasversale, come nell'esperimento mentale dei due protoni. Una dimostrazione empirica consistente di quanto stiamo asserendo si trova all'interno delle anomalie sperimentali relativistiche: la cosiddetta *focalizzazione del fascio*. Si è trovato, all'interno della sperimentazione con gli acceleratori di particelle, che i fasci di cariche elementari o di ioni in uscita subiscono una collimazione – appunto una *focalizzazione* – che emerge chiaramente dal diametro dello *spot* di impatto, non prevista dalla Relatività e spiegabilissima con l'elettrodinamica classica. Un'anomalia che viene tacitamente e inconsciamente rimossa dalla casistica sperimentale della Relatività, come è abitudine fare fin dalla culla della scienza[18]. Sarebbe bastato guardare in faccia, senza

---

[18] Sull'impatto delle anomalie nella scienza e sulle relative reazioni da parte degli scienziati non può essere ignorato il resoconto di uno dei massimi capolavori del Novecento al riguardo, T.S. KUHN, *La strutture delle rivoluzioni scientifiche*, Torino 1978. Scrive Thomas Kuhn a pag. 24: «[Succede che] uno strumento dell'apparato di ricerca, progettato e costruito per gli scopi della ricerca normale, non riesce a funzionare nella maniera aspettata, rivelando un'anomalia [come la focalizzazione del fascio negli acceleratori di particelle] che, nonostante i ripetuti sforzi, non può venire ridotta a conformarsi all'aspettativa professionale». E a pag. 88 puntualizza: «All'inizio, si percepisce soltanto ciò che si aspetta e che è usuale, persino in circostanze nelle quali più tardi l'anomalia viene ad essere rilevata. Una

occultarlo, quest'*indizio negletto* – per usare le parole di Einstein[19] –
la focalizzazione del fascio e la fenomenologia emergente
dall'elettrodinamica di Ampère e Lorentz, per comprendere
all'istante che c'era qualcosa che non andava, che la Relatività fin
dalle sue origini non avrebbe potuto spiegare tutta la fenomenologia
sperimentale.

Ebbene, le scoperte elettrodinamiche di Ampere e Lorentz non solo
minano la Relatività di Einstein alle fondamenta (*pars destruens*) ma
danno ali al sogno di ricapitolare una nuova fisica che superi lo
spirito forzatamente simmetrizzante di quella relativistica senza
rinnegarne al contempo i successi sperimentali, ricostruendoli su
nuove basi più sicure e originarie (*pars construens*)[20].

---

osservazione successiva però permette di rendersi conto che c'è qualcosa di
sbagliato…». Qual è la reazione da parte dello scienziato dinanzi ad un'anomalia
che perdura nel tempo? «Ammettiamo dunque che le crisi siano una condizione
preliminare necessaria all'emergere di nuove teorie e chiediamoci ora come gli
scienziati reagiscono alla crisi, quando questa è sopravvenuta. Parte della risposta,
tanto ovvia quanto importante, può essere scoperta osservando innanzitutto che
cosa gli scienziati non fanno mai quando si trovano di fronte alle anomalie più
gravi e prolungate. Anche se la loro fiducia nel paradigma comincia ad essere
scossa ed essi possono prendere in considerazione la ricerca di alternative, non
rinunciano però ancora al paradigma che li ha portati alla crisi. *Non considerano
cioè le anomalie come controfatti, sebbene nel vocabolario della filosofia della scienza
esse abbiano questo significato*» (p. 103, corsivo aggiunto).

[19] Scrivono Einstein e Infeld in un capolavoro di divulgazione scientifica,
L'evoluzione della Fisica, Torino 1965, p. 44: «Studiando la meccanica si riceve
l'impressione che, in questo ramo della scienza, tutto è semplice, fondamentale e
sistemato per sempre. Non si sospetta nemmeno lontanamente l'esistenza di un
importante indizio, sfuggito a tutti per trecento anni. Questo *indizio negletto*…».
Si noti come, per ironia della sorte, sostituendo al termine «meccanica» il termine
«Relatività» e alla parola «trecento» la parola «cento», la frase esprima
compiutamente la condizione della scienza contemporanea, rigirandosi come un
boomerang contro lo stesso Einstein.

[20] Cfr. R.V. MACRÌ, *Einstein a testa in giù. Una nuova rivoluzione scientifica*,
preprint, dove oltre alla *pars destruens* e alla *pars construens*, emergono figure

Quanto discusso finora stabilisce un esempio paradigmatico di quelle che potremmo definire come *simmetrie forzate* nella teoria di Einstein. Una "simmetria forzata" è un tentativo irriflessivo da parte di una teoria simmetrizzante – come la Relatività di Einstein – di far rientrare all'interno dei suoi confini un'asimmetria che altrimenti rischierebbe – in quanto anomalia – di far saltare l'intera base fondante della teoria. In questo modo la teoria in questione può usufruire di un surplus di tempo aggiuntivo – nella speranza di trovare una soluzione alternativa da parte dell'establishment – prima di essere falsificata.

È singolare che l'anomalia da noi sollevata si trovi all'interno dell'*elettrodinamica dei corpi in movimento*, nello stesso settore d'intervento, cioè, usato da Einstein nel suo fondamentale lavoro del 1905. Se si ha ben in mente l'impianto iniziale di *Zur Elektrodynamik bewegter Körper*, infatti, è indubitabile che Einstein prende le mosse proprio dall'apparente irreperibilità a livello sperimentale dell'asimmetria concettuale dell'elettrodinamica di Maxwell: «E' noto che l'elettrodinamica di Maxwell – così come essa è oggi comunemente intesa – conduce, nelle sue applicazioni a corpi in movimento, ad asimmetrie che non sembrano conformi ai fenomeni. Si pensi ad esempio alle interazioni elettrodinamiche tra un magnete e un conduttore. Laddove la concezione usuale contempla due casi nettamente distinti, a seconda di quale dei due corpi sia in movimento, il fenomeno osservabile dipende, in questo caso, solo dal moto relativo del magnete e conduttore»[21]. Come faceva Einstein a garantire la veridicità di quest'ultima affermazione (riguardo al fenomeno osservabile che dipenderebbe solo dal moto relativo)? In verità non poteva, all'epoca (così come anche oggi) non esistevano prove certe su tale congettura. In realtà Einstein si

---

insospettabilmente gigantesche come quella di George Francis FitzGerald (18051-1901) che ha sfiorato la possibilità di battere la teoria di Einstein sul nascere.

[21] A. EINSTEIN, *L'elettrodinamica dei corpi in movimento*, in ALBERT EINSTEIN, *Opere scelte*, a cura di Enrico Bellone, Torino 1988, p. 148.

aggrappò ad un libro di testo che studiò da giovinetto, così come emerge dall'originale ricostruzione di Gerald Holton[22]. L'emerito professore di fisica e storia della scienza all'Università di Harvard suggerisce un percorso che conduce ad un manuale tedesco pubblicato nello stesso anno in cui Einstein stava per abbandonare il ginnasio; un manuale sulla teoria elettromagnetica di Maxwell scritto da un certo August Föppl, ingegnere civile per formazione e filosofo per temperamento, il quale era stato accolto con entusiasmo dagli studenti che cercavano di trovare un appiglio per entrare nel mondo di Maxwell. Tra questi c'era pure Einstein. Nel quinto capitolo del suo manuale, Föppl espose i marcati difetti che segnavano la fisica, e sfidò i fisici a prendere in considerazione la possibilità di cambiare le loro concezioni di spazio. Nella meccanica newtoniana e in particolare in quella di Mach, spiegava Föppl, non c'era un contesto di riferimento assoluto, e soltanto posizioni e moti relativi avevano significato fisico. L'elettromagnetismo, tuttavia, ne aveva sicuramente uno, vale a dire l'etere, il tramite che riempiva lo spazio e trasmetteva onde e altri campi di forza. Ciò conduceva a conflitti di principio. Era il moto relativo o il moto assoluto che contava? Föppl cercò di rispondere a questa domanda immaginando cosa sarebbe successo se una bobina e un magnete si fossero mossi insieme, alla stessa velocità, nell'etere. In questo caso, usando i risultati emersi da un esperimento dell'epoca, a suo parere non ne sarebbe risultata alcuna corrente, soltanto la stessa data dai due oggetti qualora fossero stati immobili su un tavolo. Perciò era il moto relativo quello che contava, sosteneva l'autore del libro. L'"esperimento di pensiero" (*Gedankenexperiment*) di Föppl non lasciava spazio per l'etere. Egli paragonò l'idea di spazio senza un etere a una foresta senza alberi... ma avvertì che i fisici sarebbero stati presto costretti ad accettare questo strano e sgradevole concetto.

---

[22] G. HOLTON, *Thematic Origins of Scientific Thought. Kepler to Einstein*, Londra 1973 e 1988.

«La decisione in merito» scrisse «rappresenta forse il problema più importante della scienza del nostro tempo»[23].

Ora riflettiamo: siamo davvero sicuri che non esistano asimmetrie tra il moto di un magnete e quello di un conduttore? Un lavoro datato del presente autore[24] porta a riconsiderare la questione come sottovalutata e irta di sorprese al riguardo. Fermiamo la nostra attenzione per adesso ad una spira nelle vicinanze di un magnete. Il fisico inglese Michael Faraday (1791-1867) scoprì il 29 agosto del 1831 il fenomeno dell'induzione elettromagnetica: intuì che la forza elettromotrice indotta nasce da una variazione del flusso magnetico intorno alle spire di un conduttore[25]. In altre parole, una bobina fatta muovere nelle vicinanze di un magnete manifesta una forza elettromotrice (potenziale corrente elettrica ai suoi capi) creata (indotta) dalla variazione di flusso del campo magnetico generato dal magnete.

---

[23] Cit. in D. OVERBYE, *Einstein innamorato*, Milano 2002, p. 168.

[24] R.V. MACRÌ, *Asimmetrie antirelativistiche del campo*, 1998, presente in questo stesso volume.

[25] Sennonché anche in questo caso, come successe per la scoperta di Ørsted anticipata da Gian Domenico Romagnosi (v. nota 10), ancora una volta un italiano anticiperà la scoperta di Faraday. L'abate Francesco Zantedeschi (1797-1873) rivelò (e dimostrò) di aver anticipato la scoperta di Faraday di due anni. Nel 1829 pubblicò nella "Biblioteca Italiana" una *Nota sopra l'azione della calamita e di alcuni fenomeni chimici*, in appendice alla quale segnalò di aver ottenuto correnti elettriche in un filo di rame avvolto intorno a una calamita a ferro di cavallo. Il presbitero si servirà in seguito di questa pubblicazione (ripresa l'anno successivo dalla "Bibliothèque Universelle" di Ginevra) per rivendicare una sua priorità rispetto alle scoperte del Faraday sulle correnti indotte (1831). Cfr. M. TINAZZI, *Francesco Zantedeschi: manoscritti e lettere veronesi*, in P. TUCCI (a cura di), "Atti del XVIII Congresso nazionale di storia della fisica e dell'astronomia", Como, 15-16 maggio 1998, Milano 1999; G. COLOMBINI (a cura di), *La fisica a Padova nell'800. Vita e opere di Francesco Zantedeschi*, Padova, 1989.

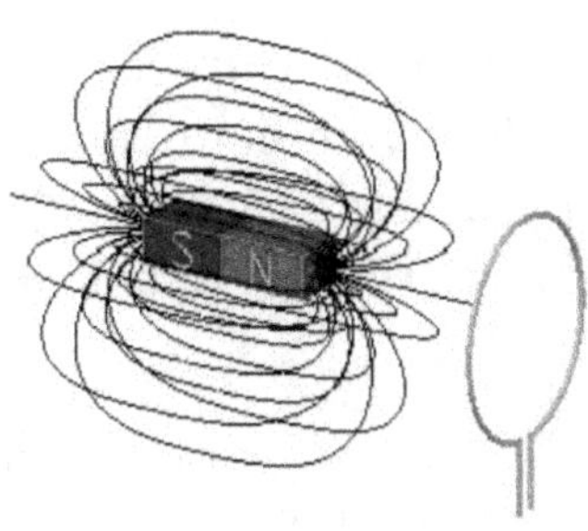

D'altra parte la medesima fenomenologia sembra presentarsi se invece della spira viene fatto muovere il magnete: quello che conta *sembra essere* il moto relativo le due entità, magnete e spira (o bobina). Il lavoro fondamentale di Einstein del 1905 assume per vero e dimostrato che non esista alcuna asimmetria tra la versione col moto dell'uno e quella col moto dell'altro. Viene dato per scontato che le cose siano esattamente simmetriche. In realtà le cose sono molto meno semplificabili e scontate di come sono state presentate. Per rendersi conto dell'iper-esemplificazione operata da Einstein e da Föppl, i quali adducono la manifestazione fenomenologica della f.e.m. indotta al solo moto relativo tra magnete e spira, basta prendere in considerazione la realtà di una terza entità occultata, non deposta tra le due menzionate: il campo magnetico. Ebbene, il "terzo incomodo" – la realtà del campo – porta a una conclusione sorprendente: «Il principio di relatività di Einstein è incompatibile... con la realtà del campo. Se esiste l'uno non può esistere l'altro. Uno dei due concetti deve cadere»[26]. Cerchiamo di vedere più da vicino questa novità insospettata e sconcertante.

Il concetto di relatività del moto è un concetto squisitamente filosofico, la sua totalità semantica non può dissolversi

---

[26] R.V. MACRÌ, *Asimmetrie antirelativistiche del campo*, op. cit.

esaustivamente all'interno del solo formalismo matematico[27]. Il principio di relatività, nella sua cristallina purezza originaria, va applicato ai due corpi in movimento relativo e, al limite, in una situazione a più corpi, deve essere sempre possibile astrarre da tutto il resto e focalizzare il movimento tra corpo A e corpo B[28]. Nel caso

---

[27] Cfr. R.V. MACRÌ, *La realtà del tempo e la ragnatela di Einstein. I passi falsi di un genio contro la Time Reality*, op. cit., capitoli II, III e IV; dello stesso autore: *Cent'anni di Relatività. Un punto di vista filosofico*, op. cit., pp. 380-394; *Che cos'è il tempo? Bergson, Maritain, Dingle a confronto con Einstein*, «Sapienza», LXI, I, 2008, p. 32. La riformulazione in veste matematica del principio di relatività apporta certamente utilità strumentale ma il fondamento filosofico sottostante non può venire completamente ingabbiato in essa: «Ogni sistema di equazioni può comprendere solo una piccolissima parte della situazione fisica effettiva: dietro le equazioni vi è uno sfondo descrittivo enorme, tramite il quale esse stabiliscono legami con la natura» (P.W. BRIDGMAN, *La logica della fisica moderna*, Torino 1965, pp. 83-4).

[28] Scrive Ernst Mach nel suo celeberrimo *Die Mechanik...*: «Secondo il nostro parere… ogni corpo, considerato con precisione, è in rapporto con tutti gli altri, e quindi un corpo, e a maggior ragione più corpi non sono mai completamente isolati» (E. MACH, *La meccanica nel suo sviluppo storico-critico*, Torino 1977, p. 272). La relatività, però, nella sua metafisica originaria, invita ad astrarre dal contesto accidentale. Einstein sembra consapevole di ciò quando parla delle due masse fluide "*à la Mach*": «Nella meccanica classica vi è un innato difetto epistemologico, che fu chiaramente precisato (forse per la prima volta) da Mach, e che si ripercuote anche nella teoria della relatività ristretta. Lo illustreremo col seguente esempio. Supponiamo che due corpi fluidi, S1 ed S2, della stessa grandezza e della stessa natura fisica, stiano volteggiando liberamente nello spazio, a distanza così grande l'uno dall'altro e da tutte le altre masse che le sole forze gravitazionali di cui abbia significato tener conto siano quelle che sorgono dall'interazione delle differenti parti dello stesso corpo. Supponiamo che la distanza tra le due masse fluide sia invariabile, e che in nessuna delle due masse abbia luogo qualche movimento relativo di una parte rispetto a un'altra. Ma ogni massa, rispetto a un osservatore solidale con l'altra massa, ruoti con la velocità angolare costante attorno alla retta che congiunge le masse. Questo è un moto relativo controllabile dei due corpi. Ora immaginiamo che ciascuno dei due corpi sia stato misurato a mezzo di regoli campione fissi rispetto al corpo stesso, e supponiamo che la superficie di S1 sia una sfera, e quella di S2 un ellissoide di rivoluzione. In seguito a ciò formuliamo il quesito: qual è la ragione di tale

del magnete e spira ciò non è possibile. Infatti, non è possibile astrarre dal terzo elemento: la realtà del campo magnetico e la sua indipendenza dalla sorgente che l'ha generato. Una volta "materializzato" nello spazio, il campo vive di vita propria e indipendente, e assume le sembianze di un terzo corpo di riferimento[29]. Questo "terzo corpo" che possiede la metrica del «"corpo Alfa" di C. Neumann»[30], rompe lo schema relativistico e rende asimmetrico ciò che altrimenti risulterebbe simmetrico. Infatti la realtà del campo magnetico rende vano ogni tentativo di relativizzare il moto e la fenomenologia tra magnete e conduttore. L'esempio seguente chiarirà quanto esaminato fino adesso.

Supponiamo di confrontare il moto relativo tra un super-magnete grande quanto una *magnetar*[31] e un sensibilissimo solenoide ad un

---

diversità tra i due corpi?» (A. Einstein, *I fondamenti della teoria della relatività generale*, 1916, in A. Einstein, *Opere scelte*, a cura di E. Bellone, Torino 1988, p. 284).

[29] Ci troviamo in una situazione simile al campo gravitazionale immaginato da Einstein. La luce del Sole impiega otto minuti e 18 secondi per raggiungere la Terra. Se il Sole all'improvviso si spegnesse, o meglio ancora, per qualche evento misterioso scomparisse del tutto, noi continueremmo non solo a percepire i suoi raggi per altri otto minuti, ma anche a girargli intorno come se niente fosse accaduto: il campo gravitazione e le sue perturbazioni associate che attraggono i corpi massicci viaggiano infatti anch'esse alla velocità della luce. Solo dopo otto minuti dal dileguamento del Sole piomberemmo nell'oscurità più completa, voleremmo via nello spazio lungo la tangente e verremmo drammaticamente a conoscenza del fatto che il Sole è sparito dalla sua posizione naturale.

[30] «La *proprietà beta* del campo è la caratteristica più "chiara e distinta" – usando celebri aggettivi cartesiani – per il nostro intuito: essa rivela infatti, grazie alla totale indipendenza del campo dal sistema sorgente-osservatore, quel "terzo corpo" (facente le veci del "corpo Alfa" di C. Neumann, relativamente però ai fenomeni elettromagnetici locali), quel punto di riferimento *fatale* per la relatività einsteiniana» (R.V. MACRÌ, *Asimmetrie antirelativistiche del campo*, op. cit., § 8, [b] - *Beta* phenomenology).

[31] Una *magnetar* (contrazione dei termini inglesi *magnetic star*, stella magnetica) è una stella di neutroni che possiede un enorme campo magnetico, milioni di miliardi di volte quello terrestre. Si comporta come un magnete

anno luce di distanza. Secondo Einstein, se facciamo muovere il solenoide verso il magnete dovremmo trovare una identica e simmetrica fenomenologia equivalente e indiscriminabile rispetto al processo inverso, magnete in movimento e solenoide fermo. In ambedue i casi dovremmo trovare una f.e.m. indotta ai capi del solenoide. È così? A primo acchito sembrerebbe proprio di sì… ma ad una riflessione più profonda ecco venire a galla le asimmetrie causate dalla realtà del *terzo corpo*: il campo magnetico. Infatti, esiste una differenza profondissima tra spostare il solenoide o far muovere il magnete: spostando il primo troviamo la f.e.m. ai suoi capi istantaneamente, spostando il secondo invece, troveremo la f.e.m. ai capi del solenoide solo dopo un anno esatto! Ciò perché nel primo caso il solenoide si trova già all'interno del campo magnetico generato dal magnete: conseguentemente, attraversando il suo flusso durante lo spostamento, la relativa variazione delle linee faradiane crea una f.e.m. indotta ai suoi capi. Si tratta di una conseguenza del *localismo* del campo (ossia, della sua presenta in loco). Al contrario, spostando il magnete, la variazione del flusso magnetico associato necessita di un anno per arrivate al solenoide alla velocità della luce, mentre il campo già preesistente non subisce alcun mutamento,

---

superpotente, fino all'estremo valore di diecimila miliardi di tesla (= cento milioni di miliardi di gauss). Se confrontato col campo magnetico terrestre – valore minore di un gauss – si riesce forse a catturare con l'immaginazione la grandezza smisurata del campo magnetico di un tale oggetto celeste. Per avere un'idea più dettagliata pensiamo al campo magnetico scaturente da una macchina per imaging con risonanza magnetica nucleare, tra i più elevati tra quelli prodotti dall'uomo, che è poco più di un tesla. Una normale calamita arriva sì e no a un millesimo di tesla. Il più forte campo magnetico continuo prodotto dall'uomo fino ad oggi è di 45 tesla (nel settembre 2003, nel laboratorio "National High Magnetic Field Laboratory" dell'Università della Florida a Tallahassee, per mezzo di un magnete ibrido costituito da un solenoide di Bitter circondato da un magnete superconduttore ad una temperatura di 1,8 gradi kelvin). Per il nostro esperimento ideale possiamo ipotizzare *magnetar* aventi campi magnetici anche di un exatesla (un miliardo di miliardi di tesla), senza incorrere in alcuna contraddizione.

rimarcando la sua indipendenza dalla sorgente (cioè, la sua *proprietà beta*). Insomma, ecco un'altra *asimmetria antirelativistica* nascosta tra le pieghe della Relatività; detto altrimenti: una *simmetria forzata.*

È stato mostrato fin qui come la Relatività nasconda al suo interno delle asimmetrie che la collettività scientifica cerca forzatamente di "simmetrizzare", di "normalizzare" come anomalie apparenti. In altri casi succede l'esatto contrario: la simmetricità midollare della teoria viene tradita, come nel caso della *simmetria infranta* del cosiddetto "effetto gemelli" all'interno della dilatazione del tempo, chiudendo gli occhi ai suoi catastrofici paradossi[32].

---

[32] Cfr. R.V. MACRÌ, *Che cos'è il tempo? Bergson, Maritain, Dingle a confronto con Einstein*, op. cit.; dello stesso autore: *La realtà del tempo e la ragnatela di Einstein. I passi falsi di un genio contro la Time Reality*, op. cit.

BIBLIOGRAFIA

AMPÈRE A.M., *Recueil d'Observations Électro-Dynamiques*, Paris 1822

AMPÈRE A.M., *Théorie des phénomènes électro-dynamiques, uniquement déduite de l'expérience*, Paris 1826

BELLONE E., *Michael Faraday*, in P. ROSSI (a cura di), *Storia della Scienza*, Tomo I, Vol. 2, Torino 1988

BERGIA S., *Einstein e la relatività*, Bari 1980

BERGSON H., *Durata e simultaneità (a proposito della teoria di Einstein) e altri testi sulla teoria della Relatività di Henri Bergson*, a cura di P. Taroni, Bologna 1997

BERGSON H., *I tempi fittizi e il tempo reale*, in H. BERGSON, *Durata e simultaneità*, Bologna 1997

BERGSON H., *La pensée et le mouvant*, tr. it. in in H. BERGSON, *Durata e simultaneità*, Bologna 1997

BEVILACQUA F. - GIANNETTO E. (eds.), *Volta and the History of Electricity*, Milano 2003

BRIDGMAN P.W., *La logica della fisica moderna*, Torino 1965

CASTELNUOVO G., *Spazio e tempo secondo le vedute di A. Einstein*, Bologna 1981

COLOMBINI G. (ed), *La fisica a Padova nell'800. Vita e opere di Francesco Zantedeschi*, Padova 1989.

EINSTEIN A. - INFELD L., *L'evoluzione della fisica*, Torino 1965

EINSTEIN A., *Opere scelte di Albert Einstein*, a cura di E. Bellone, Torino 1988

EINSTEIN A., *L'elettrodinamica dei corpi in movimento*, in A. EINSTEIN, *Opere scelte*, a cura di E. Bellone, Torino 1988

EINSTEIN A., *I fondamenti della teoria della relatività generale*, 1916, in A. EINSTEIN, *Opere scelte*, a cura di E. Bellone, Torino 1988

EINSTEIN A., *Lettera a Max Born del 12 maggio 1952*, in A. EINSTEIN, *Opere scelte*, a cura di E. Bellone, Torino 1988

FABER R.L., *Differential Geometry and Relatività Theory*, New York 1983

HOLTON G., *Thematic Origins of Scientific Thought. Kepler to Einstein*, Londra 1973 e 1988

KOSTRO L., *Einstein e l'etere. Relatività e teoria del campo unificato*, Bari 2001

KUHN T.S., *La struttura delle rivoluzioni scientifiche*, Torino 1978

MACH E., *La meccanica nel suo sviluppo storico-critico*, Torino 1977

MACRÌ R.V., *Asimmetrie antirelativistiche del campo*, 1998, nel presente volume

MACRÌ R.V., *Cent'anni di Relatività. Un punto di vista filosofico*, «Sapienza», LIX, 4, 2006

MACRÌ R.V., *Che cos'è il tempo? Bergson, Maritain, Dingle a confronto con Einstein*, «Sapienza», LXI, I, 2008

MACRÌ R.V., *La realtà del tempo e la ragnatela di Einstein. I passi falsi di un genio contro la Time Reality*, Lecce 2015

MACRÌ R.V., *Einstein a testa in giù. Una nuova rivoluzione scientifica*, preprint

MARTINS R. DE A., *Resistance to the discovery of electromagnetism: Ørsted and the symmetry of the magnetic field*, in F. BEVILACQUA - E. GIANNETTO (eds.), *Volta and the History of Electricity*, Milano 2003, pp. 245-265

MILLER J.D., *Rowland and the nature of electric currents*, «Isis» 63, 1972

MILLER J.D., *Rowland's magnetic analogy to Ohm's law*, «Isis» 66, 1975

MILLER J.D., *Rowland's physics*, «Physics Today», luglio 1976

MØLLER C., *The Theory of Relatività*, Oxford 1972

ØRSTED H.C., *Experimenta circa effectum conflictus electrici in acum magneticam*, 1820, Hafniae (Copenaghen), pubblicata in francese: *Expériences sur l'effet du conflict électrique sur l'aiguille aimantée*, «Annales de chimie et de physique», 1820, vol. 14, p. 417- 425

OVERBYE D., *Einstein innamorato. La vita di un genio tra scoperte scientifiche e passione romantica*, Milano 2002

PERUCCA E., *Fisica generale e sperimentale*, 2 voll., VII edizione, Torino 1960

POPPER K.R., *Logica della scoperta scientifica*, Torino 1970

RINDLER W., *La relatività ristretta*, Roma 1971

ROSSI P. (ed), *Storia della Scienza*, Tomo I, Vol. 2, Torino 1988

SELLERI F., *Il principio di relatività e la natura del tempo*, in "Giornale di fisica", XXXVIII, 2, 1997

TINAZZI M., *Francesco Zantedeschi: manoscritti e lettere veronesi*, in P. TUCCI (a cura di), "Atti del XVIII Congresso nazionale di storia della fisica e dell'astronomia", Como, 15-16 maggio 1998, Milano 1999

TUCCI P. (ed), *Atti del XVIII Congresso nazionale di storia della fisica e dell'astronomia*, Milano 1999

Un'interpretazione dell'Esperimento Fizeau in chiave classica e non relativistica

Giuseppe Antoni - Umberto Bartocci

Abstract - Come è noto, una delle teorie classiche sull'etere ritenuta tra le migliori, in accordo con quasi tutti i risultati sperimentali (si veda, ad esempio, il diffuso libro di testo di Robert Resnick:, *Introduzione alla relatività speciale*), è la teoria dell'etere trascinato di Stokes. Questa teoria è generalmente respinta sulla base di due fenomeni naturali, i quali si dice essere inspiegabili all'interno del contesto della teoria di Stokes: l'aberrazione annuale astronomica di Bradley, e la velocità della luce nell'acqua in movimento (l'esperimento di Fizeau). In questo lavoro, tramite un semplice modello di "ritardo" nel comportamento della luce in un mezzo trasparente, viene neutralizzata la seconda delle obiezioni alla teoria dell'etere trascinato.

- - - - -

È ben noto che – in un "aether-frame", come nel caso di un laboratorio terrestre secondo l'ipotesi di Stokes! – la velocità della luce *nel vuoto* c diventa c/n (n>1), quando la luce viaggia in un mezzo trasparente, come ad esempio l'acqua (l'*indice di rifrazione* n dipende dalla lunghezza d'onda della luce – supporremo d'ora in avanti di parlare di un fascio *monocromatico*).

Quindi, se la luce viaggia attraverso una lunghezza L in acqua, invece del tempo L/c, il tempo di transito sarà L/(c/n) = nL/c.

Indicando, a questo punto, il *ritardo*:

$$(1) \quad nL/c - L/c = (n-1)L/c \,,$$

possiamo fare l'ipotesi naturale che un tale ritardo sia dovuto al contributo di molti singoli ritardi, a causa del numero totale di ostacoli che luce incontra durante la sua corsa. Se chiamiamo τ questo singolo ritardo, e N il numero di ostacoli del mezzo dato per unità di lunghezza, possiamo scrivere:

$$(2)\ \textit{ritardo totale} = (n\text{-}1)L/c = NL\tau \ ,$$

dal quale otteniamo:

$$(3)\ \tau = \textit{ritardo singolo} = (n\text{-}1)/cN.$$

Ebbene, supponiamo ora che, nella lunghezza L determinata, l'acqua si muova a una certa (e uniforme) velocità v (ad esempio nella stessa direzione della luce), rispetto a un aether-frame fisso, e chiediamoci: quale sarà adesso il ritardo della luce?
Nel 1817 Fresnel teorizzò che, a causa del fatto che l'acqua in movimento avrebbe trascinato anche l'etere presente in essa, la luce sarebbe stata trascinata anch'essa, e quindi il ritardo sarebbe stato minore di quello precedente. Nel 1851 Fizeau confermò la previsione di Fresnel, dimostrando che la velocità della luce c(v) in questo caso è sperimentalmente compatibile con l'espressione:

$$(4)\ c(v) = c/n + v(1\text{-}1/n^2) \ .$$

Con ciò viene implicato solo un *trascinamento parziale* dell'etere, visto che si ottiene (4) invece del (*a priori* più logico e naturale da aspettarsi in una teoria dell'etere ?!):

$$(5)\ c(v) = c/n + v \ .$$

Il risultato di Fizeau viene oggi utilizzato per due fondamentali e differenti motivi:

(A) per mostrare che qualsiasi teoria dell'etere deve riconoscere il fatto che l'etere non può essere "completamente trascinato" da corpi pesanti, e quindi per confutare la teoria di Stokes con un altro argomento aggiuntivo (l'altro è l'aberrazione di Bradley);

(B) per dare un'altra prova a favore della composizione relativistica delle velocità, poiché la "somma" delle due velocità c/n e v, dal punto di vista relativistico, non è uguale a (5), ma a:

$$(6)\ (v+c/n)/(1+vc/nc^2) = c(1+n\beta)/n(1+\beta/n)$$

$$(\text{dove, come è usuale, } \beta = v/c).$$

Per quel che riguarda (A), piuttosto che congetturare la possibilità che l'etere venga trascinato dalla Terra durante il suo moto di rivoluzione – il che è piuttosto improbabile – sarebbe forse meglio supporre che *sia l'etere a trascinare la Terra* (teoria dei vortici di Cartesio-Leibniz), e in tal modo l'esperimento di Fizeau non può dire nulla su questo caso.

Per quanto riguarda (B), si deve riconoscere in verità che la (6) è un buon risultato a favore della Relatività Speciale (RS), poiché si può approssimare tale espressione in modo da ottenere:

$$c/n \text{ volte } (1+n\beta)/(1+\beta/n) \approx c/n \text{ volte } (1+n\beta)(1-\beta/n) \approx c/n \text{ volte}$$
$$(1+n\beta-\beta/n)$$

$$(\text{a meno di termini di ordine superiore in } \beta),$$

che rende infatti $c/n+v-v/n^2$, sorprendentemente identico al dato sperimentale (4)!

Ma c'è una questione molto importante da porsi, ed è la seguente:

quale potrebbe essere una buona previsione della teoria dell'etere per il valore di c(v), diverso dalla (5)?

Come dato di fatto, si dovrebbe forse congetturare che l'etere non è trascinato affatto dal movimento dell'acqua, e che l'unico fenomeno fisico che realmente troviamo in questo caso è dato dalla luce che, durante la sua corsa attraverso l'acqua in movimento, ad esempio per un tempo Δt, semplicemente incontra meno ostacoli, e che il singolo ritardo per ogni ostacolo è – nel caso dell'acqua in movimento nella stessa direzione della luce – minore di quello suggerito dalla (3).

Cerchiamo ora di calcolare il ritardo della luce con queste due ulteriori supposizioni, tenendo ovviamente $N(L-v\Delta t)$ come il numero totale di ostacoli, e come un possibile valore corretto per ogni singolo ritardo la seguente espressione:

$$(7) \quad \tau(v) = (n-1)(c-v)/c^2 N \ .$$

Questa è in realtà la più semplice funzione lineare (nel parametro v) di $\tau(v)$, tale che coincide con la (3) quando $v = 0$, e che diventa infinitesima quando v si avvicina a c.

Bene, con questo valore a nostra disposizione per $\tau(v)$, abbiamo:

$$\Delta t = L/c + \textit{ritardo} = L/c + N(L-v\Delta t)\tau(v) =$$
$$= L/c + (n-1)(L-v\Delta t)(c-v)/c^2 \ ,$$

la quale implica:

$$\Delta t\ [c^2+v(n-1)(c-v)] = L[v+n(c-v)]$$
$$\Delta t = (L/c)*[\beta +n(1-\beta)]/[1+(n-1)\beta(1-\beta)]$$
$$c(v) = L/\Delta t = c*[1+(n-1)\beta(1-\beta)]/[\beta+n(1-\beta)] =$$

$$= (c/n)*[1+(n-1)\beta(1-\beta)]/[1-(n-1)\beta/n] \ .$$

Da quest'ultima identità si può dedurre la seguente approssimazione, di nuovo fino a termini di ordine superiore a β:

$$c(v) \approx (c/n)*[1+(n-1)\beta]*[1+(n-1)\beta/n] \approx (c/n)*[1+(n^2-1)\beta/n] =$$
$$= (c/n)*[1+n\beta-\beta/n] = c/n+v-v/n^2 \ ,$$

che è esattamente uguale al valore sperimentalmente supportato (4)!

Si potrebbe anche notare che la (7) è davvero un'approssimazione, fino a termini di ordine superiore in β, dell'espressione:

$$(8) \ \tau°(v) = (n-1)/(c+v)N \ ,$$

e che, se si fa uso di questo valore nel calcolo precedente, invece della (7), allora si potrebbe ottenere come risultato finale esattamente la (6), vale a dire la previsione relativistica, in luogo della (4).

Riassumendo, le precedenti argomentazioni "logiche" mostrano, in un ulteriore caso, che teorie completamente differenti (in questo caso, RS e una "naturalissima" teoria dell'etere) possono dare, a volte, le stesse previsioni sperimentali.

- - - - -

Riconoscimenti: gli autori ringraziano George Galeczki per più di un utile suggerimento.

Nota 1 - Il presente documento si ispira alle idee contenute in G. Antoni: "Una nuova Interpretazione dell'esperienza di Fizeau, relativa al trascinamento della luce da parte del mezzo rifrangente in moto", Atti della Fondazione G. Ronchi, Anno VIII, N. 1, Pubblicazioni dell'Istituto Nazionale di Ottica, Serie IV, N. 143, Arcetri, Firenze, 1953.

Nota 2 - Ulteriori informazioni sull'esperimento Fizeau si possono trovare, per esempio, in E.T. Whittaker, *History of the Theories of Aether and Electricity*, Dublin University Press Series, 1910, cap. IV. L'esperimento di Fizeau è stato prontamente seguito (1868) da parte di un tentativo di Hoek per rilevare, utilizzando la stessa "idea", una possibile velocità "assoluta" della Terra (chiamiamola w). Come sottolinea Whittaker, se la formula (4) tiene, allora l'esperimento di Hoek dovrebbe davvero dare un "risultato nullo", come in effetti ha fatto!, anche nel caso di w diverso da zero; ma, ovviamente, un risultato nullo per questo esperimento dovrebbe essere previsto anche nel caso w = 0, che è l'ipotesi di Stokes. Ancora una volta, delle prove sperimentali possono non essere sufficienti per discriminare tra differenti interpretazioni teoriche ...

Il quinto postulato di Euclide

Umberto Bartocci

Proposta di una sua formulazione "intuitiva", con alcune critiche sul preteso valore filosofico delle cosiddette geometrie non-euclidee

1) Volendo riassumere, si può dire che Posidonio, un paio di secoli dopo Euclide, propose di descrivere le proprietà delle parallele attraverso caratterizzazioni di natura metrica e che Proclo tentò di perfezionare l'impostazione di Posidonio. Sarebbe davvero pochissimo, se non avessimo la successiva notizia dell'unica sostituzione corretta e completa del V postulato con un altro, cioè con un postulato autenticamente equivalente all'originale euclideo, da parte di un certo misterioso Aganis (I secolo AC, o forse VI secolo DC). Ciò nonostante Lobachevsky, uno dei fondatori della geometria non-euclidea, scrive (nei Nuovi fondamenti della geometria, 1835): «L'infruttuosità dei tentativi, fatti dal tempo di Euclide, per lo spazio di due millenni», ma tre soli tentativi (riassumendo, Posidonio, Proclo, Aganis) nell'arco di 1860 anni non ci sembrano giustificare una siffatta affermazione. Ripetiamo, tranne forse il goffo tentativo di Tolomeo di cui ci riferisce Proclo, nessuno (o quasi) nell'antichità sembra aver preteso di offrire una dimostrazione ex nihilo del postulato delle parallele, soltanto di proporne formulazioni più accettabili, e soprattutto non sembra esserci stata nessuna preoccupazione filosofica nei suoi confronti.

2) L'interesse verso la questione delle parallele aumenterà poi progressivamente con le "manualizzazioni" che si proporranno di presentare la geometria nel modo più semplice possibile a un pubblico crescente di studenti, a partire ovviamente dai suoi "fondamenti", e questo cammino conduce, come si sa, alla

"scoperta" delle geometrie non euclidee, avvenuta intorno al 1830 per opera di matematici alquanto oscuri, ma entrambi collegati a Gauss. Qui cominciano i problemi, perché quello che avrebbe potuto essere un interessante capitolo della Geometria Differenziale viene tramutato in una sorta di "rivoluzione copernicana" della geometria (cfr. per esempio Carl B. Boyer, Storia della matematica , tr. it., I.S.E.D.I., Milano, 1976, p. 621), un evento di rilevanza filosofica fondamentale. Negativa è l'impostazione con cui tale scoperta è stata presentata, nella volontà di tramutare l'incontro con oggetti matematici nuovi e inaspettati nel crollo di filosofie tuttora adeguatissime.

3) Abbiamo sempre insegnato ai nostri studenti di Storia delle Matematiche (denominazione contenente un plurale che non ci piace affatto) che tale disciplina è caratterizzata da un "divenire", e che da esso non si può prescindere nel determinare la sua didattica. In una fase iniziale la matematica è "investigazione delle leggi dell'intelletto" (Investigation of the laws of thought è il titolo di una celebre opera di George Boole, 1854), in una successiva diviene «studio di tutte le possibilità di pensiero di una mente infinita» (secondo un'espressione del logico-matematico Gaisi Takeuti, citata da Rudy Rucker, Infinity and the Mind - The Science and Philosophy of the Infinite , Birkhäuser, 1982, Prefazione).

4) Siamo arrivati al momento in cui, grazie all'anti-kantismo di Gauss e dei seguaci da lui ispirati, la questione delle geometrie non-euclidee viene tramutata da scientifica in ideologica. Peccato che il grande matematico non si mostri in genere altrettanto buon filosofo. In una lettera all'astronomo Heinrich Christian Schumacher nel 1844, parla dell'incompetenza matematica dei filosofi a lui contemporanei: «non vi fanno rizzare i capelli sulla testa con le loro definizioni?», e il giudizio negativo si estende anche ai tempi antichi: «Leggete nella storia della filosofia antica quelle che i grandi uomini di quell'epoca, Platone ed altri (escludo Aristotele)

davano come spiegazioni». Il *princeps mathematicorum* non risparmia peraltro le sue critiche neppure a Kant: «anche con lo stesso Kant le cose non vanno molto meglio; secondo me, la sua distinzione fra proposizioni analitiche e sintetiche è una di quelle cose che cadono nella banalità o sono false». A proposito di eclatanti stoltezze, quella del sopravvalutato Bertrand Russell (che si comporta, del resto da "vincitore", come se certe questioni si potessero risolvere con battute) rimane a nostro parere ineguagliabile. Secondo Russell, infatti, la teoria dello spazio di Kant è «il punto di vista d'una persona che vive a Königsberg; non vedo come l'abitante d'una valle alpina potrebbe adottarla» (*Storia della filosofia occidentale*, 1945). In una nota del nostro "Cattivi maestri", ovvero, a proposito di un *morbus mathematicorum* (ma non solo!) *recens*", del 2002, ne citavamo un'altra davvero monumentale, partorita da Ernest Nagel e James R. Newman, autori di un fortunato testo divulgativo sul teorema di Gödel (*La prova di Gödel* , tr. it., Boringhieri, Torino, 1974, p. 17): «per quasi duemila anni gli studiosi hanno creduto, senza il minimo dubbio, che [gli assiomi della geometria] fossero vere proprietà dello spazio fisico». Aggiungevamo al tempo: «Ecco liquidata in due parole per esempio tutta la filosofia di Kant, a far credere che nessuno abbia mai saputo apprezzare la distinzione tra "reale" e "pensato"! Del resto, sono proprio i matematici e i fisici "moderni" - nel senso di post 1872, come diremo nella nota successiva - ad alimentare ogni confusione in proposito, ignorando la dialettica feconda tra le due citate "polarità": i secondi, rinchiudendo le loro teorie in spazi fittizi di simboli e cifre; i primi, chiamando oggi comunemente numeri "reali" quei "numeri" che di "reale" in senso proprio non hanno nulla, e includendo tra essi anche i numeri "irrazionali", favorendo così in modo subliminale l'opinione che il reale possa essere appunto irrazionale!». Secondo Herbert Meschkowski, dopo la scoperta delle geometrie non-euclidee sarebbe «impossibile all'uomo moderno di restare fermo alla concezione spaziale di Platone e di Kant» (*Mutamenti nel pensiero matematico* , tr.it., Boringhieri,

Torino, 1973, p. 87). Secondo Carl B. Boyer: «In un certo senso possiamo affermare che la scoperta della geometria non-euclidea inferse un colpo mortale alla filosofia kantiana» (loc. cit., p. 621), affermazione così perentoria che riecheggia nell'introduzione al libro scritta da Lucio Lombardo Radice (p. XXII).

5) Ed ecco il punto: Gauss contro Kant. Nel noto testo di Evandro Agazzi e Dario Palladino sulle geometrie non euclidee troviamo scritto: «La grande diffusione e l'autorevolezza del kantismo costituirono quindi un ulteriore motivo di difficoltà verso l'accettazione delle geometrie non euclidee come dottrine dotate di dignità scientifica» (Le geometrie non euclidee e i fondamenti della geometria, EST Mondadori, Milano, 1978, p. 73), un'osservazione ripresa dall'analogo precedente testo di Bonola: «Nel nostro caso l'affermazione della geometria non-euclidea fu ritardata anche da ragioni speciali, quali le difficoltà che offrivano alla lettura le opere russe di Lobacefski, l'oscurità dei nomi dei due rinnovatori, la concezione kantiana dello spazio allora dominante» (loc. cit., p. 113). Per fortuna, come riferisce il Boyer già menzionato, l'avversario verrà presto definitivamente (?) sconfitto: «L'assetto della geometria elaborato da Hilbert consolidò però una concezione decisamente anti-kantiana di questa disciplina», (loc. cit. , p. 699). In effetti, un errore gigantesco che ha infettato tutti, con la conseguente modifica della didattica della matematica che invece discenderebbe in modo asolutamente naturale dalla filosofia così tanto avversata (e la domanda d'obbligo, ma assai ... delicata, diventa: perché?). Il continuo riferimento a Kant può generare gravi fraintendimenti presso gli interlocutori meno esperti, come se quella che viene avversata fosse una concezione in un certo senso moderna. Il grande filosofo tedesco offre solo una (perfetta) sistemazione filosofica a una concezione antica quanto la matematica stessa (per non dire quanto l'uomo stesso). Nel Commento al I Libro degli Elementi di Euclide di Proclo troviamo per esempio: « [i Pitagorici] ben sapevano che tutta la mathesis così chiamata, è una

reminiscenza insita nelle anime, non venuta dal di fuori come le immagini delle cose sensibili che s'imprimono nell'immaginazione [...] come risvegliata dall'apparire di fatti, e sospinta dall'interno dalla stessa riflessione rivolta in se stessa» (Giardini, Pisa, 1978, p. 57). La riflessione rivolta in se stessa, vale a dire quella cosa che Kant chiama "intuizione pura", in questo caso un'intuizione dello spazio che è premessa indispensabile per ogni tipo di esperienza sensibile, e non viceversa. E' qui conveniente riportare per intero l'ottima confutazione del filosofo e sociologo Georg Simmel del 1904 riguardo le opinioni e i pregiudizi anti-kantiani dianzi rilevati: «Gli assiomi geometrici sono così poco necessari logicamente come la legge causale; si possono pensare spazi, e quindi geometrie, in cui valgono tutt'altri assiomi che i nostri, come ha mostrato la geometria non euclidea nel secolo dopo Kant. Ma essi sono incondizionatamente necessari per la nostra esperienza, perché essi solamente la costituiscono. Helmholtz errò quindi completamente nel considerare la possibilità di rappresentarci senza contraddizione spazi nei quali non valgono gli assiomi euclidei come una confutazione del valore universale e necessario di questi, da Kant affermato. Infatti l'apriorità kantiana significa solo universalità e necessità per il mondo della nostra esperienza, una validità non logica, assoluta, ma ristretta alla cerchia del mondo sensibile. Le geometrie antieuclidee varrebbero a confutare l'apriorità dei nostri assiomi solo quando qualcuno fosse riuscito a raccogliere le sue esperienze in uno spazio pseudosferico, o a riunire le sue sensazioni in una forma di spazio nel quale non valesse l'assioma delle parallele» (citato da Piero Martinetti, Kant, Feltrinelli, Milano, 1968, p. 47).

6) «Mandelbrot's fractal geometry replaces Euclidean geometry which had dominated our mathematical thinking for thousand of years. We now know that Euclidean geometry pertained only to the artificial realities of the first, second and third dimensions. These dimensions are imaginary. Only the fourth dimension is real». E'

chiaro che si sta parlando dei pretesi "collegamenti" tra geometria non-euclidea e relatività, due dei mostri sacri del pensiero post-moderno (il commento appena riportato ne introduce addirittura un terzo, la "moda" dei frattali, di cui pochi capiscono - e parliamo anche di matematici docenti universitari del tutto a digiuno delle teorie sulla dimensione topologica - ma sono tanto belle quelle figure sullo schermo del PC!). E' infatti un altro leitmotiv ricorrente della propaganda modernista (usiamo questo termine comune anche se noi, come accennato, preferiamo parlare di post-moderno), che la relatività avrebbe "dimostrato la falsità della geometria euclidea", ma ci sarebbe da chiedersi: quale relatività, la ristretta o la generale?, e da chiedere all'interlocutore: sai di cosa parli? quali conferme sperimentali dirette potresti menzionare a favore dell'una o dell'altra? e in quale modo tali evidenze sperimentali metterebbero in crisi il V postulato di Euclide? E' chiaro che il dilemma andrebbe meglio enunciato, sotto il profilo "filosofico", nel modo seguente: se la relatività generale costituisse una descrizione adeguata della "realtà", allora esisterebbe un netto divario tra l'intuizione descritta da Euclide e la realtà, ovvero verrebbe messa in crisi l'osservazione di Spinoza secondo cui: «ordo et connectio idearum idem est ac ordo et connectio rerum» (Ethica Ordine Geometrico Demonstrata, Parte II, Prop. 7; la prendiamo per ciò che essa significa, o evoca, letteralmente, e non per quello che, secondo alcuni commentatori, intendeva Spinoza, una questione difficile da trattare). Alla "verità" delle teorie di Einstein accenna per esempio, fra tanti, il noto matematico Hermann Weyl, quando scrive all'inizio di un suo famoso testo sulla relatività generale, con entusiasmo degno di miglior causa, che: «Einstein's Theory of Relativity has advanced our ideas of the structure of the cosmos a step further. It is as if a wall which separated us from Truth has collapsed» (Raum-Zeit-Materie Vorlesungen über allgemeine Relativitätstheorie, Springer, Berlin, 1919; Space-Time-Matter, tr. ingl., Dover Pub.ns, New York, 1952). Bisogna dire per la verità che "Truth" ha sì iniziale maiuscola nel testo citato, ma probabilmente non per responsabilità dell'autore, bensì per un eccessivo entusiasmo da lui trasferitosi al traduttore, tenuto conto che nell'originale tedesco il corrispondente "Wahrheit" è maiuscolo di necessità, come si conviene a tutti i sostantivi nella lingua tedesca. [Lo scrivente rammenta che, quando studiava a Cambridge nei primi anni '70, visiting professor presso il Trinity College, dal momento che era già assistente ordinariodel prof. Beniamino Segre a Roma, volle incontrare il noto fisico e teologo John Polkinghorne per discutere di tale questione, esprimergli cioè la propria perplessità dei confronti della concezione giudaico-cristiana di un "Dio" che, pur avendo fatto l'uomo a sua immagine e somiglianza, lo avrebbe dotato di intuizioni spazio-temporali non corrispondenti alla struttura del reale, e chiedergli quindi come potesse risolvere tale contraddizione un uomo di fede quale il suo illustre interlocutore era (lo scienziato era infatti anche sacerdote della Chiesa Anglicana). Polkinghorne gli rispose, per la verità assai acutamente, che il richiedente avrebbe dovuto piuttosto considerare un miracolo, e quindi segno di un intervento divino, il fatto che l'intelletto umano, ancorché dotato di intuizioni limitate, fosse stato capace di elevarsi fino ad intravvedere le autentiche strutture del reale].

7) Bisogna riflettere, alla fine, sulla questione ideologica! A tale proposito ci piace menzionare il matematico Imre Toth, il quale, pur militando in una parte a noi contraria (per quanto attiene ai "giudizi di valore"), riconosce onestamente che alle radici di certe mode del pensiero che abbiamo definito post-moderno ci sono soprattutto ragioni "extra-scientifiche", ossia filosofiche, estetiche e ... politiche: «Ciò che si chiama la rivoluzione non euclidea fu dunque una rivoluzione nel senso proprio della parola, cioè una rivoluzione di natura politica».

8) Una risposta alla domanda fondamentale che nessuno si pone: quale potrebbe essere una "giusta" formulazione del V postulato? Infatti, gli assiomi della geometria vanno a nostro parere considerati

delle affermazioni su un oggetto realmente presente nel nostro pensiero (che noi chiamiamo lo spazio ordinario), proprietà di tale oggetto che scegliamo tra quelle che non sembrano potersi derivare (almeno facilmente) da altre, ma la cui evidenza riposa immediatamente sull'intuizione pura (a priori) dell'oggetto che si vuole descrivere-studiare. E' chiaro che tale interrogativo non può porsi, né tanto meno ad esso tentare di rispondere, il matematico-macchina di Turing, capace solo di dedurre in maniera meccanico-formale da assiomi scelti più o meno a caso. Veniamo al dunque, illustrando la nostra personale scelta del V postulato, ispirata dalla lettura di quel commento di Nasir-Eddin menzionato nel secondo paragrafo. Consideriamo una retta r del piano ordinario, e su di essa fissiamo un punto A. Da A tracciamo la perpendicolare p ad r, e su p fissiamo un punto B (diverso da A).

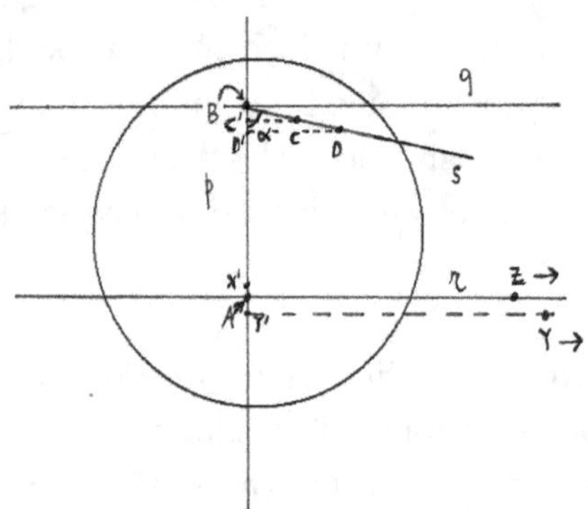

Da B tracciamo la perpendicolare q a p, una retta che sappiamo per certo essere parallela ad r. [Se le due rette r e q si incontrassero, allora la somma dei due angoli costituiti da queste due rette con p dalla parte del piano in cui avviene l'incontro sarebbe minore di due angoli retti, come già aveva rilevato Euclide senza fare ricorso al V postulato (un teorema di quelli che si dicono appartenere alla geometria assoluta). E' chiaro che stiamo parlando quindi di sola geometria non-euclidea iperbolica, dove rette parallele esistono comunque, e si tratta soltanto di stabilire quante. Ovvero, escludiamo le cosiddette geometrie ellittiche, nelle quali l'intuizione della retta viene così profondamente modificata da renderle subito scartabili come descrizioni inadeguate dell'intuizione spaziale. Come si sa, infatti, ogni varietà topologica 1-dimensionale (senza bordo), o non è compatta, ed è quindi omeomorfa a un segmento aperto della retta ordinaria, o è compatta, ed è quindi omeomorfa ad una circonferenza. Nelle geometrie ellittiche le rette sono curve del secondo tipo, chiuse e compatte. Se si vuole distinguere per bene, quello della retta "aperta" potrebbe essere un'assioma in più, tra tanti che ci vogliono, della geometria euclidea]. Consideriamo adesso una sola parte della configurazione illustrata, facendo partire da B una semiretta s che formi con p, dalla parte che ci interessa, un angolo alpha minore di un angolo retto. La domanda che echeggia nelle menti di chi si occupa di geometria dai tempi di Euclide è: la semiretta s incontra necessariamente la retta r? (ossia, la retta q è l'unica parallela ad r passante per B?). "Dimostriamo" adesso che è effettivamente così, ovvero che la nostra intuizione spaziale conduce di necessità a vedere l'esistenza di un punto di intersezione tra s ed r. Analizziamo allo scopo il seguente disegno (dove abbiamo evidenziato gli elementi che ci interessano all'interno di un cerchio, per sottolineare la circostanza che la questione è di natura squisitamente locale; *un'osservazione che dedichiamo a quei colleghi che, quando raramente riuscivamo a parlare di tali questioni, rispondevano: ma, chissà, le due semirette si incontrano eventualmente tanto lontano dai punti di partenza, che la mia intuizione non può esserne certa, non può "vedere" nulla*).

Nel disegno sono riportati un punto C sulla semiretta s, ed un ulteriore punto D sempre su s, tale però che il segmento CD sia uguale al segmento BC. Sono stati poi indicati con C' e D', rispettivamente, le proiezioni perpendicolari di C e di D su p, e tanto ci basta per concludere nel senso voluto. Iterando infatti la traslazione del segmento BC sul segmento CD, è manifesto che ci veniamo a trovare di fronte a una successione di segmenti BC', C'D', D'E', ... sulla retta p, e che se facciamo le somme successive di tali segmenti BC' + C'D' + D'E' + ... , questa dà per risultato un segmento che a un certo punto supererà sicuramente il segmento inizialmente fissato AB (si sta qui utilizzando evidentemente il postulato detto di Archimede, a quattrino a quattrino si supera lo zecchino). Se supponiamo per esempio che X sia uno di questi punti su s tale che la relativa somma sia ancora non superiore ad AB, ed Y quello immediatamente seguente, tale quindi che la somma sia superiore ad AB, è chiaro che la perpendicolare per Y' a p incontra la semiretta s in detto punto Y. Ragionando ancora, la retta r si viene a trovare, nella parte del piano in cui s giace rispetto a p, all'interno del triangolo di vertici ABY, ergo essa dovrà necessariamente incontrare il lato BY del triangolo (e quindi la semiretta s) in qualche punto Z, come volevasi dimostrare.

Ecco che abbiamo facilmente trovato la formulazione equivalente del V postulato che andavamo cercando, perfettamente corrispondente alla nostra "intuizione", ovvero capace di spiegare perché il nostro intelletto chiaramente percepisce che la semiretta s deve andare ad incontrare la retta r. Date due rette a e b del piano ordinario (non tra loro perpendicolari), la proiezione perpendicolare dei punti dell'una su quelli dell'altra induce un'analoga corrispondenza dei segmenti dell'una su quelli dell'altra (un "su" puramente linguistico, che non va inteso nel senso tecnico di suriettivo; si sa bene che nelle geometrie non euclidee certe suriettività che ci si aspetterebbe di trovare invece non si verificano). Essendo tali insiemi di segmenti degli insiemi preordinati, in una relazione primitiva che è essenziale per la costruzione di una teoria della misura (e che abbiamo in precedenza utilizzato quando confrontavamo segmenti diversi; si tratta ovviamente di una combinazione tra l'ordinaria inclusione insiemistica e le traslazioni, mediante le quali si effettua il confronto tra segmenti non contenuti l'uno nell'altro), l'assioma euclideo può essere espresso semplicemente affermando che la corrispondenza in parola è non soltanto una semplice corrispondenza tra insiemi, bensì anche un morfismo d'ordine delle corrispondenti strutture (in parole povere, dal momento che due segmenti sono "uguali" se ciascuno dei due è non superiore all'altro nel detto preordine naturale, ciò implica che a segmenti "uguali" corrispondono segmenti "uguali", che è quanto ci basta). Si potrà obiettare, naturalmente, che qui non c'è nulla di nuovo, e che nella sostanza certe osservazioni si trovano già in Saccheri (il quale del resto aveva letto anche lui Nasir-Eddin). In effetti la questione è piuttosto elementare, sicché la minestra, e i suoi ingredienti, sono sempre gli stessi, ma, si osservi, non si tratta soltanto di concludere che, se le proiezioni perpendicolari di segmenti uguali sono ancora uguali allora si è nell'ambito della geometria euclidea, ma anche di comprendere immediatamente il perché , con un ragionamento che secondo noi l'intelletto fa da solo quando riconosce che una semiretta "inclinata" come s andrà prima o poi ad incontrare la retta r. Confessiamo inoltre che una formulazione dell'assioma delle parallele quale quella che abbiamo presentato, e che vorremmo chiamare postulato di Nasir-Eddin , ci appare veramente suggestiva, sia perché ha a che fare con una relazione assolutamente primitiva, che è alla base di tutti i successivi sviluppi della geometria, sia perché espressa con quel linguaggio categoriale che ci sembra il più adeguato per una descrizione dell'attività matematica dell'intelletto umano.

Teoria dell'effetto Sagnac

Franco Selleri

Questo breve articolo dimostra che fra tutte le teorie "equivalenti" solo quella basata sulla simultaneità assoluta ($e_1 = 0$) predice correttamente l'effetto Sagnac. La teoria della relatività, invece, fa predizioni incompatibili con l'evidenza sperimentale.

1.   Osservazioni storiche

Quasi un secolo dopo la scoperta dell'effetto Sagnac [1] non esiste ancora una sua giustificazione basata sulla relatività speciale e/o generale. Hasselbach e Nicklaus (1993) elencano una ventina di "spiegazioni" diverse dell'effetto e commentano:

"Questa grande varietà (se non disparità) nella derivazione dello sfasamento di Sagnac costituisce una delle diverse controversie ... che hanno circondato l'effetto Sagnac fin dai primissimi giorni di studio delle interferenze nei sistemi di riferimento rotanti." [2]

Nell'esperimento di Sagnac del 1913 una piattaforma ruotava uniformemente al ritmo di 1-2 rot/sec. In un interferometro montato sulla piattaforma, due fasci di luce interferenti riflessi da specchi, si propagavano in direzioni opposte lungo un circuito orizzontale chiuso. Il sistema rotante includeva anche la sorgente luminosa e una lastra fotografica che registrava la figura d'interferenza. Sagnac osservò uno spostamento delle frange ogni volta che la rotazione veniva modificata. Questo spostamento dipende dal ritardo temporale relativo Δt, oggetto esplicito dei nostri calcoli, con cui i due fasci di luce (meglio: i due impulsi localizzati di luce) raggiungono il rivelatore.

Sagnac pubblicò la sua scoperta in alcuni articoli (in francese) con titoli come *"L'esistenza dell'etere luminifero dimostrata..."* e *"Sulla prova della realtà dell'etere luminifero ..."*

2. Le nuove ipotesi

(*i*)   Esiste un sistema inerziale isotropo S_0 tale che relativamente a S_0 la velocità della luce vale "c" in tutte le direzioni. Chiaramente allora:

$\Rightarrow$ In S_0 gli orologi vanno sincronizzati con il metodo di Einstein;

$\Rightarrow$ Le velocità di sola andata relative a S_0 possono essere misurate.

(*ii*) Lo spazio è omogeneo e isotropo e il tempo omogeneo, almeno per gli osservatori a riposo in S_0.

(*iii*) Dato un secondo sistema inerziale, S, l'origine di S vista da S_0 si muove secondo le equazioni $x_0 = Vt_0$, $y_0 = z_0 = 0$.

(*iv*)   Gli assi cartesiani di S ed S_0 si sovrappongono completamente per $t = t_0 = 0$.

Aggiungiamo due ipotesi basate su solida evidenza empirica [3]:

(E1) - La velocità della luce di andata e ritorno è la stessa in tutte le direzioni in tutti i sistemi inerziali

$$c_2(\theta) = c$$

(E2) - Il ritardo degli orologi ha luogo con il solito fattore R calcolato rispetto ad S_0:

$$R = \sqrt{1 - V^2/c^2} \tag{1}$$

La TRS soddisfa queste ipotesi, anche se di solito le prime quattro sono lasciate sottintese. I due famosi postulati della TRS (sul principio di relatività e sulla invarianza della velocità della luce) sono qui sostituiti da ipotesi più deboli, la (E1) e la (E2), soddisfatte dalla TRS.

Una settima ipotesi riguardante la velocità della luce relativa ai sistemi accelerati è inevitabile perché a priori nessuno dei primi sei postulati ci dice quale siano le conseguenze delle accelerazioni. Nel 1905 Einstein usò con successo la "ipotesi delle accelerazioni" (IdA) nella teoria del fenomeno noto come "paradosso degli orologi". Tuttavia nella Teoria della Relatività Speciale (TRS) la IdA non è stata sfruttata sistematicamente, senza dubbio per le difficoltà incontrate nei tentativi di spiegare altri fenomeni, ad esempio proprio quelli relativi alla piattaforma rotante. Una formulazione precisa della IdA segue:

Per ogni piccola regione σ di un sistema accelerato si può immaginare un sistema di riferimento inerziale che per un breve intervallo di tempo si sovrappone a σ con la stessa velocità. Un'affermazione di fisica valida in quest'ultimo sistema deve essere corretta (localmente in σ) anche rispetto al sistema accelerato (cioè l'accelerazione non conta).

Pertanto secondo la teoria della relatività, in ogni punto del bordo della piattaforma rotante la velocità della luce è c in entrambe le direzioni (oraria e antioraria) indipendentemente dalla rotazione del disco. Quindi i due impulsi luminosi che si muovono in direzioni opposte richiedono lo stesso tempo per completare il giro e l'effetto Sagnac va a zero, cosa contraria all'evidenza empirica. Perciò la IdA e la TRS, messe assieme, producono falsità: una delle due va abbandonata.

Velocità è spazio diviso tempo. Se la lunghezza di un regolo e il ritmo di un orologio non sono modificati dall'accelerazione, la IdA applicata alla velocità della luce deve essere corretta. Per quanto riguarda la lunghezza una dipendenza dall'accelerazione non è mai stata ipotizzata, quindi, aggiungendo le considerazioni di Einstein del 1905 sugli orologi, l'invarianza della velocità della luce per cambiamenti dell'accelerazione del sistema di riferimento sembra un'ipotesi molto ben fondata.

3. Le trasformazioni equivalenti

E' stato dimostrato [4] che le prime sei assunzioni impongono che le trasformazioni da S_0 a S delle variabili di spazio e di tempo abbiano la forma di Trasformazioni Equivalenti" (TE), cioè

$$\begin{cases} \qquad\quad x = \left(x_0 - v\,t_0\right)/R \\ y = y_0 \qquad\qquad ; \qquad\qquad z = z_0 \\ \quad t = R\,t_0 + e_1\left(x_0 - v\,t_0\right) \end{cases} \qquad (2)$$

Reichenbach e Jammer credevano nella convenzionalità della sincronizzazione degli orologi nei sistemi inerziali, idea che implica che il parametro e_1 sia libero e possa essere fissato ad arbitrio con gli orologi in S. Talvolta e_1 viene chiamato "parametro di sincronizzazione". Vedremo tuttavia che e_1, lungi dall'essere libero, deve essere zero. La velocità della luce di sola andata conseguenza delle TE è data da [4]:

$$\frac{1}{c_1(\theta)} = \frac{1 + \Gamma\cos\theta}{c} \qquad (3)$$

dove θ è l'angolo fra la direzione di propagazione della luce in S e la velocità assoluta di S. Per quanto riguarda Γ si ha

$$\Gamma = \frac{V}{c} + c\,e_1 R \qquad (4)$$

Naturalmente nella TSR si deve avere

$$c_1(\theta) = c \quad \Rightarrow \quad \Gamma = 0 \quad \Rightarrow \quad e_1 = -\frac{V}{c^2 R} \qquad (5)$$

Le (2) rappresentano l'insieme delle teorie "equivalenti" alla TRS: variando e_1 si ottengono teorie diverse. Secondo la congettura di Reichenbach-Jammer queste teorie dovrebbero essere equivalenti nello spiegare i risultati sperimentali. Molti testi di relatività deducono la formula di Sagnac nel laboratorio, ma nulla dicono circa un osservatore sulla piattaforma rotante. In realtà ben presto vedremo che la predizione fatta dal laboratorio deriva dalla cinematica di Galilei-Newton, cosicchè risulta praticamente impossibile dubitare della sua correttezza. Molte altre teorie predicono un risultato errato. <u>Solo la teoria con $e_1 = 0$ dà la giusta risposta.</u>

4. Le formule di connessione laboratorio/disco.

Si consideri un orologio che segna il tempo t quando è fisso in un punto del sistema inerziale S. Visto da S_0 soddisfa l'equazione del moto

$$x_0 = V t_0 + \overline{x}_0 \qquad (6)$$

dove $\overline{x}_0$ dà la posizione iniziale. Sostituendo x_0 nella (2) si trova

$$x = \overline{x}_0 / R \qquad (7)$$

(che è la fissa coordinata x dell'orologio in S) e

$$t = R\, t_0 + e_1 \overline{x}_0 \qquad\qquad (8)$$

Consideriamo due eventi che hanno luogo a tempi diversi nello stesso punto di S. Chiaramente dobbiamo scrivere le precedenti equazioni due volte con lo stesso $\overline{x}_0$, la prima con t_1 and t_{01}, la seconda con t_2 and t_{02}, dove i pedici "1" e "2" specificano a quale dei due eventi si fa riferimento. Sottraendo le due equazioni membro a membro e definendo $\Delta t = t_2 - t_1$ e $\Delta t_0 = t_{02} - t_{01}$ otteniamo

$$\Delta t = R\Delta t_0 \qquad\qquad (9)$$

La (9) predetta da tutte le teorie basate su TE, inclusa la TRS, in caso di movimento rettilineo uniforme è la prima formula di connessione laboratorio-disco perché, postulando la IdA, deve descrivere anche il comportamento degli orologi in quella piccola parte del disco rotante che localmente coincide con S. Lo studio di orologi atomici e subatomici al CERN ha prodotto risultati molto accurati e pienamente compatibili con la (9) anche nel caso di orologi accelerati [5].

Per trovare la seconda formula di connessione laboratorio-disco consideriamo un regolo di lunghezza a riposo L immobile sull'asse x del sistema inerziale S. Siano x_1 e x_2 le coordinate delle due estremità del regolo. Per trovare la lunghezza di questo regolo relativa al sistema isotropo S_0 bisogna considerare le due estremità x_{01} e x_{02} a uno stesso istante t_0. Dalla prima equazione (2) si trova al tempo t_0

$$x_2 = (x_{02} - v\, t_0)/R \quad ; \quad x_1 = (x_{01} - v\, t_0)/R \qquad\qquad (10)$$

da cui, sottraendo membro a membro

$$L = L_0 /R \qquad\qquad (11)$$

dove $L_0 = x_{02} - x_{01}$ ed $L = x_2 - x_1$ sono le lunghezze del regolo misurate in S_0 e in S, rispettivamente. La (11) predetta da tutte le teorie basate su TE, inclusa la TRS, esprime la contrazione di Lorentz dei regoli in uno stato di movimento rettilineo uniforme ed è la seconda formula di connessione laboratorio-disco perché, postulando la IdA, deve descrivere anche il passaggio dal sistema accelerato (sul bordo di un disco rotante con velocità periferica v) a S_0. L'idea generale che sta dietro a questa ipotesi è che ogni piccola porzione della piattaforma rotante, essendo istantaneamente a riposo in un sistema inerziale dotato localmente della stessa velocità, deve condividerne le proprietà.

Per quanto riguarda la lunghezza della circonferenza la IdA ci dice che le parti infinitesime sovrapposte di L_0 ed L debbono essere collegate dalla contrazione di Lorentz (cioè, $dL_0 = R\, dL$) da cui, integrando si trova di nuovo la (11).

In parole: la lunghezza della circonferenza della piattaforma rotante, misurata nel laboratorio, eguaglia la lunghezza della circonferenza (non contratta) misurata da osservatori a riposo sulla piattaforma, volte il fattore di contrazione di Lorentz. La validità di questo asserto può essere compresa considerando un gran numero di elementi della circonferenza, il generico essendo dL (visto da S) e dL_0 (visto da S_0). La Ida assicura che il movimento accelerato di dL_0 ha lo stesso effetto del movimento rettilineo del sistema inerziale dotato di eguale velocità. Il tutto si riassume nella formula di Lorentz (11).

5.   L'effetto Sagnac visto dal laboratorio

Consideriamo una sorgente di luce, Σ, posta sul bordo del disco, che emette simultaneamente due impulsi luminosi in direzioni opposte lungo il perimetro circolare del disco. La traiettoria circolare può essere ottenuta obbligando la luce a propagarsi tangenzialmente alla superficie interna di uno specchio cilindrico.

La descrizione della propagazione degli impulsi data dagli osservatori del laboratorio è la seguente: due impulsi luminosi lasciano Σ al tempo $t_0 = 0$. Il primo si propaga su una circonferenza, nel senso discorde dalla rotazione del disco e tocca di nuovo Σ al tempo t_{01} dopo aver girato attorno alla piattaforma. Il secondo impulso si propaga sulla stessa circonferenza, nel senso concorde con la rotazione del disco e tocca di nuovo Σ al tempo t_{02} dopo aver girato attorno alla piattaforma. Σ è al tempo stesso sorgente, rivelatore e orologio e registra i tempi di arrivo degli impulsi luminosi.

Diversi libri di testo discutono l'effetto Sagnac nel laboratorio, ma nulla dicono circa la descrizione del fenomeno data da un osservatore sulla piattaforma rotante: vedremo che la teoria della relatività speciale predice un effetto nullo sulla piattaforma, mentre una teoria basata sulle trasformazioni inerziali dà la giusta risposta. Per semplicità assumiamo che il laboratorio sia a riposo nel sistema privilegiato.

Impulso che va nella direzione opposta alla rotazione: la circonferenza del disco, con lunghezza L_0, si chiude con velocità $c + v$. Allora

$$t_{01} = \frac{L_0}{c + v} \tag{12}$$

Impulso che va nella stessa direzione della rotazione: la circonferenza del disco, con lunghezza L_0, si chiude con velocità $c - v$. Allora

$$t_{02} = \frac{L_0}{c - v} \qquad (13)$$

Dagli ultimi due risultati segue

$$\Delta t_0 = t_{02} - t_{01} = \frac{2L_0}{c^2}\frac{v}{1-v^2/c^2} = \frac{2L_0}{c^2}\frac{v}{R^2} \qquad (14)$$

Ricordando (9) e (11) si ottiene

$$\Delta t = 2\,L\,v\,/\,c^2 \qquad (15)$$

che permette il confronto del Δt misurato con il Δt predetto teoricamente. La (15) è praticamente la formula di Sagnac e dà il ritardo temporale Δt misurato sulla piattaforma. Scrivendo $L=2\pi\,r$ e $v = \omega\,r$ (r è il raggio ω la velocità angolare) la (15) diventa $\Delta t = (4\pi\,r^2\,\omega\,/\,c^2)$. Ponendo infine $A = \pi\,r^2$ otteniamo esattamente la formula di Sagnac per il ritardo temporale, cioè $\Delta t = (4\,A\,\omega\,/\,c^2)$. La formula di Sagnac per lo sfasamento si ottiene moltiplicando la precedente per c/λ, λ essendo la lunghezza d'onda della luce usata nell'esperimento. Al primo ordine di v/c questo risultato è figlio della cinematica classica: neppure Newton serve, basta Galilei !

6. Effetto Sagnac visto dal disco

Consideriamo solo casi in cui la luce si muove circolarmente lungo il bordo del disco (nei due sensi). Pertanto solo i casi di luce che si muove parallelamente ($\theta = 0$) e antiparallelamente ($\theta = \pi$) alla velocità assoluta locale sono rilevanti per la nostra versione semplificata dell'effetto Sagnac. Quindi la velocità della luce, che in generale è data dalla (3), nel caso specifico è data da

$$\frac{1}{c_1(0)} = \frac{1 + \Gamma}{c} \qquad ; \qquad \frac{1}{c_1(\pi)} = \frac{1 - \Gamma}{c} \qquad (16)$$

Queste formule rappresentano una nuova applicazione dell'IdA dalla quale qui traiamo che in tutte le teorie equivalenti la velocità della luce inversa è data da (3) indipendentemente dall'accelerazione del sistema di riferimento. Dato che la lunghezza della circonferenza misurata sul disco è L abbiamo

$$t_1 = \frac{L}{c_1(0)} \qquad ; \qquad t_2 = \frac{L}{c_1(\pi)}$$

Perciò

$$\Delta t = t_2 - t_1 = \frac{2L\,\Gamma}{c} \qquad (17)$$

Questo risultato, diversamente da (15), dipende da Γ e quindi da e_1. E' per questo motivo che imporre la consistenza di (15) con (17) ci permette di trovare il giusto valore di e_1. Giunti a questo punto il nostro compito è facile: confrontare i ritardi (15) e (17) e richiedere che i due Δt siano eguali. E veramente il risultato è molto semplice, perchè
$2\,L\,v/c^2 = 2\,L\,\Gamma/c$ implica $\Gamma = v/c$, il che è possibile – vedi la (4) – solo se $e_1 = 0$.
Questo è il risultato che avevamo anticipato: solo la simultaneità assoluta permette di comprendere l'effetto Sagnac.

[1]   M.G. Sagnac, *Compt. Rend.* **157**, 708, 1410 (1913);
J. de Phys. **4**, 177 (1914).

[2]   F. Hasselbach and M. Nicklaus, *Phys. Rev.* A **48**, 143 (1993).

[3]   F. Selleri, *Sagnac effect. End of the mystery* in: RELATIVITY IN
        ROTATING FRAMES, pp. 57-78, G. Rizzi and M.L. Ruggiero,
        eds., Kluwer, Dordrecht (2004).

[4]   F. Selleri, *Chinese Jour. Syst. Eng. Electronics* **6**, 25 (1995).

[5]   J. Bailey, et al. *Nature* **268**, 301 (1977).

ALBERT EINSTEIN E IL QUANTO DI LUCE

PASQUALE TOMASELLO

L'articolo di A. Einstein[1] concernente il cosiddetto *Lichtquant,* quanto di luce, e l'effetto fotoelettrico, viene considerato da molti autori di textbook[2] e scienziati, anche di grido, storici[3] della fisica moderna come una pietra miliare nella fondazione della vecchia Quantum Theory. Questo giudizio, confermato e sanzionato anche dal Nobel Committee[4] che nella sua motivazione cita espressamente il contributo einsteiniano alla spiegazione dell'effetto fotoelettrico qual scoperta della sua legge, pur contenendo del vero ha però vistosamente tutti i tratti del tipico conformismo accademico e suona qual un tam-tam di riconoscimento e affiliazione per i tanti adepti del vasto mondo della fisica. *Res mirabilis* dunque, d'un *annus mirabilis.* La maggioranza dei fisici v'aderisce per diverse ragioni; soprattutto per comodità intellettuale e quieto vivere, pur senza aver mai dato un'occhiata attenta al lavoro originale ed in specie alla letteratura d'allora ivi coinvolta.

Com'è noto e s'addice alla massima icona della fisica, Einstein è generalmente molto venerato, ma non infrequentemente anche criticato, talvolta con astio e malevolenza. Ciò non è insolito e strano pei grandi personaggi, chè come scriveva Thomas Mann è inevitabile che la fama si trasformi in mala fama, quando meno in parte noi aggiungiamo. Tra gli innumerevoli fan del grande scienziato tuttavia solo pochi possibilmente hanno però mai letto le memorie famose di Einstein e men che meno quelle degli altri grandi scienziati del suo tempo con cui in un modo o nell'altro egli ebbe a che fare. Nel caso del quanto di luce adoperato da Einstein in quel famoso articolo che noi vogliamo qui da vicino criticamente analizzare, per quanto ci riesca sine ira atque studio, poi i suoi tanto interessati fan non hanno in particolare mai letto le memorie originali di Planck sul corpo nero se non al più quella celebre del 14 Dicembre 1900 e si limitano a ripetere quello che ci sta scritto sui libri di testo, spesso acriticamente ed erroneamente contando sul fatto che quelle sono poco accessibili e circolate.

Durante la sua vita Einstein ebbe fin dall'inizio della sua strabiliante carriera tanti potenti ed influenti amici all'interno e all'esterno della scienza, ma anche più d'un irriducibile nemico anche lui a tempo alquanto potente ed influente, benchè infine tragicamente sconfitto. Da quest'ultimi Einstein, com'è noto, venne accusato, fra altro, di condotta professionale poco acconcia e dignitosa e, verosimilmente esagerando, persino di plagiare risultati altrui con un suo tipico metodo. Le polemiche al riguardo non si sono mai spente e benchè poco visibili, ancora oggi si riverberano specialmente nella relatività producendo una letteratura sterminata. Tuttavia anche nel caso del quanto di luce forse sembra esserci qualcosa in questo suo articolo del 1905 che rende non del tutto infondate queste accuse .

Sulla base di quanto detto sopra ad Einstein viene dato credito di essere il *padre* del quanto di luce – *il quanto di luce di Einstein*, con genitivo possessivo – nell'accezione oggi comunemente intesa, essendo il documento notarile per tale diritto parentale questo suo famoso articolo del 1905 e un altro immediatamente a seguire del 1906[5], relativamente meno famoso, trascurando gli oscuri indizi nelle precedenti memorie, come, p.e. si rileva in ref. 3a. e 3c. Un suo figlio dunque, che benché tardi sarebbe stato poi battezzato, padrino G. Lewis, raggiunta la maggiore età, col nome di *fotone*. Un premio Nobel[6] dei nostri tempi, un chimico poeta e letterato, fra altri, p.e., su di esso, in occasione della grande kermesse mondiale del centenario, ha sentito la necessità di mischiare arditamente racconto e scienza (*Storied Theory*) e frammezzo ispirate cantonate e sottili falsificazioni elogiarne in toto il carattere geniale e rivoluzionario che doveva così fatalmente segnare irreversibilmente il mondo della conoscenza fisica e non solo. La misura dell'esaltazione delle prodezze del giovane Einstein poi raggiunge paurosi eccessi di falsità e contorcimento dei fatti che non fosse per i chiari fini agiografici, superano ogni limite di decenza e di gusto nella santa e cieca celebrazione che ne è stata fatta dal Pais[3a].

Noi non siamo affatto d'accordo con simile punto di vista che ci appare esagerato e ridicolo, corrivo e poco ragionato, e consideriamo questo lavoro di Einstein, fatto salvo il felice innesto del quanto di luce nella difficile problematica dell'effetto fotoelettrico e la sua interpretazione con la semplice equazione, un semplice, modesto lavoro di un giovane aitante studioso che cerca di farsi strada nell'aspro mondo accademico usando liberamente di risultati e fatti scientifici che altri ricercatori di maggiore esperienza e tenore avevano già ottenuto. Nel merito, l'articolo che qui si esaminerà in minuti dettagli anche tecnici, non contiene affatto alcunché di nuovo di quanto già, benché forse non del tutto esplicitamente, non fosse già stato acquisito documentalmente sul problema della quantizzazione della radiazione e sull'effetto fotoelettrico e che questo articolo, per quasi vent'anni più ignorato che controverso dalla comunità scientifica di riferimento, *solo* dopo il 1922 ed 1923 o forse ancor più tardi cominciò ad essere mitizzato e posto a fondamento della teoria dei quanti.

1. L'articolo einsteiniano qui in esame vuole trattare, come dice il suo titolo (*Ueber einen die Erzeugung und Verwandlung des Lichtes betreffenden heuristichen Gesichtspunkt*) il problema della generazione e trasformazione della luce per mezzo di un punto di vista euristico. Questo problema era già presente nelle preoccupazioni e negli studi di diversi ricercatori sperimentali e teorici e dominava fortemente nel cosiddetto problema del corpo nero (c.n.) risolto in maniera brillante e problematica con la sua ipotesi della discretezza energetica dei possibili stati della generica radiazione di frequenza **n**. Il punto di vista euristico che Einstein

vuole adottare, com'egli subito dichiara alla fine della introduzione, è proprio la ipotesi planckiana degli elementi discreti di energia radiante, senza però scriverlo: *"colla ipotesi che l'energia della luce sia distribuita discontinuamente nello spazio"*, scrive egli. Per mezzo di questa ipotesi, o punto di vista egli si vuole provare euristicamente a rendere più facilmente comprensibili e descrivibili diversi fenomeni poco chiari quali *"le osservazioni sulla radiazione nera, la fotoluminiscenza, la produzione di raggi catodici"*. Continua scrivendo: *"Secondo la ipotesi qui concepita e presentata, nella propagazione d'un raggio di luce emesso da un corpo puntiforme la energia non si distribuisce continuamente su spazi divenienti sempre più grandi, ma la stessa piuttosto consisterebbe di un finito numero di quanti di luce localizzati in punti dello spazio, che si muovono e, senza frazionarsi, vengono assorbiti e prodotti solo come interi"*[1]. Chiude la introduzione scrivendo che nel seguito vuole comunicare i ragionamenti fatti che lo hanno condotto a questa veduta, anziché passare subito alle applicazioni della stessa, già nota e pubblicata, trascurando intenzionalmente come suo stile di chiedersi se mai altri avessero fatto o scritto qualcosa a riguardo.

A motivazione e quadro di riferimento delle sue riflessioni l'autore espone nell'esordio e prosieguo della introduzione una qual certa differenza formale, "tiefergrefeinder", profonda e radicale, tra gli schemi teorici della teoria maxwelliana dei procesi e.m. e quelli della allora in fasce meccanica statistica e cioè teoria atomistica ed elettrica della materia. Cioè prepara la scena ed i caratteri del racconto in cui egli ha ri-elaborato la sua conoscenza della situazione al di là dello stato dell'arte del campo in cui si cimenta. Una cosa comune, questa, la prima: un usato espediente dell'arte di scrivere paper scientifici. Una cosa mal tollerata la seconda, oggi almeno. Grandezze continue vs. grandezze discrete, energie distribuite continuamente ed illimitatamente nello spazio di propagazione ed energie discrete dei singoli atomi ed elettroni che costituiscono un corpo materiale. Il cui stato meccanico può essere fissato con un numero finito di gradi di libertà meccanici, mentre per lo stato di radiazione d'un certo spazio s'abbisognerebbe di infiniti gradi di libertà. Per cui quando le due teorie vengono necessariamente ad intervenire simultaneamente nei fenomeni fisici allora nascono difficoltà considerevoli, bla, bla bla. Questa osservazione, così tanto filologicamente ammirata[8], credo invece essere alquanto vaga ed indeterminata pur contenendo qualcosa di vero. La meccanica statistica cui l'autore allude è certamente quella dei sistemi indipendenti e dire che lo stato di energia d'un corpo materiale sia esprimibile solo come somma su variabili discrete delle singole energie meccaniche delle particelle quando egli stesso parla di elettroni come costituenti il corpo è certamente una semplificazione anche nel caso dei gas. Come casi limite, la meccanica statistica di allora e la teoria maxwelliana dei fenomeni e.m, hanno senza dubbio differenti e stridenti assunti e postulati, che allora venivano piano piano faticosamente focalizzati. Ma è difficile pensare che simile riflessione fosse sfuggita a Lorentz o a Planck o ad altri ancora.

L'articolo si compone di altre nove sezioni di cui le prime sei sono dedicate alla esposizione delle sue riflessioni e dei suoi ragionamenti per suffragare la ipotesi annunciata nella introduzione, cioè il quanto di luce, e che l'ignaro lettore può ben credere essere questa una sua ipotesi. Le tre sezioni finali del lavoro sono dedicate all'euristica di questa ipotesi discutendo tre casi sperimentali; 7. la regola di Stokes, 8. Produzione di raggi catodici 9. Ionizzazione di gas per luce u.v.

2. La prima sezione titola: *Su d'una difficoltà concernente la teoria della "Radiazione nera"*. La teoria del corpo nero al momento in cui scrive Einstein, ha veramente una sola ed unica difficoltà: la ipotesi dei quanti d'energia $h\nu$ extra moenia fatta da Planck 4 anni prima, che Einstein ha fatto sua, e che aveva tagliato il nodo gordiano dell'accordo della sua teoria elettromagnetica e termodinamica del corpo nero con i precisi dati sperimentali. Non ne ha altre: è una teoria completa e, ipotesi di quantizzazione a parte, perfetta, formalmente autoconsistente, l'unica vera teoria del fenomeno universale per cui era stata negli anni elaborata. Non c'erano altre teorie degne di essere tali a competere con quella di Planck, e l'articolo di Lord Rayleigh dei primi mesi del 1900 è solo un modesto tentativo analo-fenomenologico ignorato da Planck.

La teoria della radiazione nera di cui vuol parlare Einstein è invece una tutta sua; non quella di Planck, né il tentativo veloce di Rayleigh. Si pone come dice lui stesso nel punto di vista della teoria Maxwelliana e della teoria degli elettroni, nel senso che ci sono gli elettroni, non la teoria di Lorentz, e si considera un sistema termodinamico elettromagnetico a modello cinetico-molecolare della cavità radiante: molecole ed elettroni; questi ultimi liberi e vincolati a certi punti fissi che lui chiama "risonatori", un termine già usato anni prima da Planck. L'insieme viene pensato all'equilibrio termodinamico e quindi supposto un numero sufficiente di "risonatori" il sistema conterrà anche la cosiddetta "radiazione nera".

Einstein dapprima trascura la radiazione e si concentra su molecole e risonatori indipendenti che interagiscono per mezzo di forze conservative, nel caso solo per urti. La teoria cinetica dei Gas, dice Einstein, procura la condizione di equilibrio per il sistema di molecole e risonatori: il valore medio dell'energia del risonatore deve essere il doppio che quello per l'energia cinetica media delle molecole(teorema del viriale) scrivendo

$$E^{(risonatore)}\ media = 2\ \tfrac{1}{2}\ KT = (R/N\,)T$$

Una semplice applicazione della teoria cinetica, o no? Se c'è una fluttuazione di qualunque natura su questo valore medio dell'energia del risonatore, allora gli urti degli stessi risonatori con molecole ed elettroni liberi condurrebbero ad un aumento o diminuzione dell'energia del gas ristabilendo così l'equilibrio e quindi il detto valore medio del risonatore che solo è compatibile con la situazione stazionaria d'equilibrio.

Non sfuggirà all'attento lettore la vaghezza ed imprecisione del modello di corpo nero adoperato da Einstein ed i vizi del suo ragionamento. Gli elettroni, quelli liberi non sono affatto elettroni ma solo atomi neutri, non irradiano energia né l'assorbono; chè se fossero veramente elettroni non interagirebbero certamente solo per urti con gli altri elettroni vincolati, cioè con i risonatori, e avrebbero una certa loro energia potenziale e di campo che qui non viene messa in conto. Non si capisce che funzione abbiano. Al tempo c'era già una teoria matematica sofisticata dell'elettrone, ma qui non viene né accennata né adoperata.

Poi passa a fare una analoga considerazione rispetto alla radiazione presente nella sua cavità ed i risonatori con cui essa interagisce, non gli elettroni liberi. Per la prima volta fa riferimento agli studi di Planck e riporta una sua formula derivata rigorosamente a primi principi elettromagnetici, riguardo l'energia media del risonatore in condizioni di equilibrio termodinamico della *radiazione nera*:

$$\bar{E}_\nu = \frac{L^3}{8\,\pi\,\nu^2}\,\varrho_\nu.$$

con L velocità della luce, $\mathbf{n}$ frequenza del risonatore e $\mathbf{r_n}$ la densità radiativa per unità di frequenza. All'equilibrio, per Planck, essa è pure l'energia media dell'onda monocratica della stessa frequenza, risonatori e radiazione sono identici; Einstein però dice che, questo valore medio deve coincidere con quello desunto da considerazione cinetico molecolari e cioè:

$$\frac{R}{N}\,T = \bar{E} = \bar{E}_\nu = \frac{L^3}{8\,\pi\,\nu^3}\,\varrho_\nu,$$

$$\varrho_\nu = \frac{R}{N}\,\frac{8\,\pi\,\nu^2}{L^3}\,T.$$

2a

Così conclude la sua teoria elementare del corpo nero messa assieme velocemente con un banale elemento di teoria cinetica e una importante formula presa da Planck. Ne rileva però subito una severa difficoltà; forte discrepanza con i dati sperimentali e problemi di divergenze:

Questa trovata relazione, qual condizione dell'equilibrio dinamico, non solo rinuncia all'accordo con l'esperienza, piuttosto essa significa che nel nostro quadro di comprensione non si può parlare d'una certa distribuzione d'energia tra Etere e Materia. Quanto più ampio e grande infatti si scelga il dominio delle frequenze di oscillazione, tanto più grande diviene l'energia radiante dello spazio, e al limite si ottiene:

$$\int_0^\infty \varrho_v \, d\,v = \frac{R}{N}\frac{8\,\pi}{L^3}\,T\int_0^\infty v^2 \, d\,v = \infty \,.$$

Questa sua teoria elementare ed ibrida nella vana esegesi di Pais[3a], assistita da tarde rimembranze di Einstein, diventa uno sbalorditivo ma fortunato errore di Planck dalla immensa portata storica. Come aveva potuto mancare Planck questo importante risultato della teoria classica, si chiede Pais ? Attenuando poi la parenesi rovesciata, suggerisce la ritrosia di Planck per i metodi cinetico-molecolari a spiegare la brutta gaffe di Planck.

Allora ricapitoliamo il contenuto di questa sua prima sezione: l'autore vuole ignorare fin dove può che il problema del corpo nero è stato già risolto da Planck che mai una volta, se non alla fine nella famosa comunicazione del 14 Dicembre, aveva aderito o usato metodi statistico-molecolari e quindi possibilmente ignorava, prima del 1900, questa poco sensata formula. Un grave peccato secondo alcuni. Ma verosimilmente non dopo, ché essa è una brutta approssimazione della sua formula come di quella di Lord Rayleigh (1900). L'autore ha elaborato una teoria veloce del c.n, d'un paio di pagine, grosso modo come aveva fatto avventurosamente Lord

Rayleigh cinque anni prima, per trovare un risultato anche inferiore a quello del famoso fisico inglese e ancora meno sostenibile. Risultato che almeno il Lord inglese, combinando empiricamente teoria del suono e la necessaria prescrizione della legge generale di Wien, cosa ignorata da Einstein, aveva così presentato[8]

Il suggerimento è che la (4) anziché la (2), $\lambda^{-5} d\lambda$ (5) possa essere la giusta forma quando λT è grande. Introducendo allora il fattore esponenziale la formula completa sarebbe

$$c_1 T \lambda^{-4} e^{-c_2/\lambda T} d\lambda$$

Se ci chiediamo qual sia il valore scientifico o logico di questa sezione difficilmente si può fare altro che alzare le mani. Concludendo quindi, lui si inventa per il corpo nero un abbozzo di teoria e siccome è proprio un abbozzo ha più d'una difficoltà che non è però della teoria del corpo nero di Planck. E' verosimile anche, tenendo presente il suo stile di studio e investigazione scientifica di quegli anni, che egli abbia derivato quell'abbozzo di teoria come sottoprodotto dal suo studio dei lavori di Planck per il corpo nero, dalla formula esatta e completa, e l'abbia poi razionalizzata e presentata con considerazioni elementari di teoria cinetica facendo alquanta polvere, che non era poi così salubre. Planck era alquanto scettico verso queste cose, e guardando il risultato inventato da Einstein, non senza ragione.

3. La sezione successiva del lavoro, la 2, tratta infatti *"sulla determinazione dei quanti elementari di Planck"*. Il lettore così per la prima volta viene messo a conoscenza che già ci sono i quanti elementari, benché dormienti, di radiazione, quindi di luce, e la loro determinazione è stata data dal signor Planck. Ma questo non risalta nella citazione; sono quanti elementari di qualcosa d'oscuro, indeterminato e nebuloso, appunto di radiazione nera! E' probabilmente vero che dopo il 1900, risolto nel suo punto cardine

il problema del c.n., le conseguenze degli articoli decisivi di Planck a livello dei fondamenti della fisica siano state trascurabili e trascurate. Planck stesso in quegli anni diresse poi la sua attenzione verso altri settori della fisica, meccanica statistica, relatività, teoria dell'elettrone etc. E Einstein si sarà conformato a ciò, ignorando fin dove gli conveniva ed il suo intuito gli suggeriva, il lungo e minuzioso lavoro di Planck. Parimenti è verosimile che l'articolo di Einstein è il primo che riprende la storia della discretezza dell'energia, dei quanti d'energia, ipotizzata e usata da Planck. Ma la vuole riprendere a modo suo e rilanciarla sotto una veste, *Bild* per così dire nuova ed in ogni caso sua come frutto dei suoi *Gedankengaenge*, in cui l'autore vuole partire da zero o quasi. e con quella sua formula abborracciata cerca di fare vedere la grave frattura esistente fra "impianto classico" ed esperimenti correnti. Ma deve trovare qualcosa che la giustifichi o meglio ancora che la renda, l'idea di Planck, più immediata ed intuitiva e non astratta e calata a forza bruta in quel ammirato costrutto della fisica cosiddetta classica. Poi euristicamente provarsi a vedere che mai può sortire l'applicazione del quanto d'energia in altri campi della fisica allora in effervescenza. Questa è l'idea essenziale del lavoro: vedere come in altri ambiti che il c.n., la ipotesi di Planck per lui sbiadita e sfuocata può essere rivitalizzata sotto un nuovo *brand*, il suo, e funzionare.

Inizia allora dicendo che questo fatto, la determinazione dei quanti elementari data da Planck, sarebbe in certa misura indipendente dalla teoria "della radiazione nera" da lui presentata. E' una frase vaga e ambigua e non si capisce bene che cosa voglia lasciar capire; certo, la ipotesi dei quanti di radiazione elaborata con elementi di calcolo delle probabilità e teoria termodinamica ed elettromagnetica nel lavoro di Planck è un *intruder*, è incompatibile con i fondamenti primi della completa teoria da lui sviluppata. Ma questo l'aveva chiaramente e ripetutamente in due diversi lavori scritto lo stesso Planck[9a,b]. E allora che vuol dire Einstein con questa frase ?

Possibilmente vuole dire questo; io posso arrivare alla stessa ipotesi dei quanti elementari non di radiazione oscura, bensì di luce, per altra via. Una forse migliore, più immediata, intuitiva, *anschaulischer* avrebbe dovuto scrivere, che quella del rispettato professore berlinese. Comunque Einstein presenta tosto la formula di Planck

$$\varrho_\nu = \frac{\alpha\,\nu^3}{e^{\frac{\beta\nu}{T}} - 1}, \qquad\qquad \alpha = 6{,}10 \ . \ 10^{-56},$$
$$\beta = 4{,}866 \ . \ 10^{-11}.$$

e ne ricava immediatamente il limite per grandi valori di T/n, cioè grandi densità radiative e grandi lunghezze d'onda:

$$\varrho_\nu = \frac{\alpha}{\beta}\,\nu^2\,T.$$

facendo notare che quest'ultima, guarda caso, coincide in essenza con quella (2a) prima da lui trovata. Questa presentazione nel fascinoso e belletteristico racconto di R. Hoffmann[6], diventa: *"He set out to derive the Planck radiation law without any assumption about how light is generated."* E poi più avanti : *"Einstein has just rederived Planck's radiation law without resonator".* Possiamo umilmente chiedere al signor Hoffmann, poesia e *Contes* a parte, che mai ha in testa per la legge della radiazione di Planck ?
Eguagliandone le espressioni Einstein ricava il valore della costante di Avogadro in termini delle costanti α e β determinate da Planck che la contengono di già. Cosa ben curiosa; e ancor di più lo è la meraviglia dell'autore a trovare con soddisfazione che questo valore di N è lo stesso che quello trovato da Planck stesso. Una bizzarra maniera di ragionare, si potrebbe dire[13]. Però confortato ora forse che questa sua formula è contenuta qual parte di quella completa e valida per ogni ν, si sente di concludere, mentre prima aveva detto che questa formula era in discrepanza grave con l'esperimento e rinunciava ad ogni tentativo di capire la distribuzione dell'energia

tra etere e materia, che sì, in fondo non è poi una così stupida formula. La si può usare con certo successo quanto più grandi sono la temperatura e la lunghezza d'onda della radiazione, mentre al contrario essa fallisce completamente. Una cosa già, nel 1900, nota soprattutto agli sperimentatori che citano al riguardo benché riluttanti il lavoro di Lord Rayleigh.

4. La sezione seguente tratta dell'entropia della radiazione, ove esordisce affermando che la considerazione che segue è già stata data in un celebre lavoro di Wien[16a], e che colà viene ripresentata a motivo di completezza. In effetti il gran lavoro di Wien[16a,b], comunque non citato, è molto di più che quanto qui vuol dire lui. Definisce così una densità di entropia di radiazione funzione della densità radiativa e afferma che all'equilibrio della radiazione nera la variazione di entropia ovviamente deve essere nulla, elabora matematicamente questo assunto per mezzo d'una variazione condizionata da un moltiplicatore di Lagrange per trovare che:

$$dS = \int_{v=0}^{v=\infty} \frac{\partial \varphi}{\partial \varrho} \, d\varrho \, dv,$$

e poi

$$dS = \frac{\partial \varphi}{\partial \varrho} \, dE.$$

ed infine

$$\frac{\partial \varphi}{\partial \varrho} = \frac{1}{T}.$$

Formula che lui chiama, incomprensibilmente, la legge della radiazione; ché nota la φ si può trovare la legge su ρ e viceversa. Stucchevole ! La formula collegante queste due variabili non è altro che il secondo principio della termodinamica che egli aveva scritto immediatamente prima $dS=(1/T)dE$ applicata al fenomeno termodinamico del corpo nero. Infatti dividendo primo e secondo membro di quest'ultima per l'elemento di volume **dv** si ottiene immediatamente la formula finale da lui data con quel giro di walzer. Quindi ci parrebbe che questa sezione non dica assolutamente nulla .

5. Nella sezione successiva egli tratta della legge limite della radiazione monocromatica per piccole densità radiative, basse temperature del corpo nero e grandi frequenze; cioè l'ampio dominio di validità della legge di Wien già proposta da costui dieci anni prima su basi semiempiriche e poi ricavata rigorosamente da Planck (1897) all'interno della sua teoria e.m. e termodina-mica e detta per alcuni anni legge di Wien-Planck. Una prudente riflessione può far anticipare che poco punto di importante sarebbe stato lasciato a dire su di essa dopo che era stata studiata e provata per diversi lunghi anni. In ogni caso nel 1905 essa era riconosciuta una buona legge contenuta nella più completa ed esatta formula di Planck che aveva, almeno per alcuni centrali aspetti, chiuso il complicato problema del corpo nero. Ancora oggi essa per molti scopi viene convenientemente utilizzata. E si può così anticipare con fiducia che questa sezione nr. 4 del lavoro di Einstein, non contenga alcunché di nuovo ed importante. L'autore infatti partendo dalla formula di Wien e con semplici passaggi matematici adoperando la espressione da lui trovata per la densità di entropia arriva facilmente alla seguente formula per la variazione entropica d'una radiazione monocromatica racchiusa in un certo volume per una trasformazione isoterma, cioè ad energia costante:

$$S - S_0 = \frac{E}{\beta \nu} \lg \left(\frac{v}{v_0} \right).$$

Questa *"dimostrazione," is direct. It's not Hemingway, but for scientific prose, really exciting…Pretty incredible."*, scrive ammirato il professor Hoffmann [6.]

Una formula che, all'interno della legge di Wien, mostra esplicitamente che tipo di dipendenza abbia l'entropia della radiazione monocromatica dal volume. Essa è già contenuta in diverse formule del lavoro di Planck, il quale però non aveva mai focalizzato esplicitamente questa dipendenza, perché non gli interessava, né vi vedeva alcunché di utile o euristico, essendo in ogni caso una formula approssimata finché estratta come conseguenza di una legge approssimata. Questa formula si può anche ricavare facilmente in altre maniere, facendo qualche ipotesi ad hoc sulla espressione dell'energia media d'una particella, all'interno della teoria cinetica dei gas. Comunque, vista la centralità di questa formula nelle successive argomentazioni e deduzioni dell'autore. che saranno sempre, come d'ora innanzi ripeterà l'autore ad ogni passo, confinate all'interno della validità della Wien, ci si può chiedere perché Einstein non sia partito dalla più completa ed esatta formula di Planck per estrarne fuori la corrispondente formula che sarebbe allora valsa in modo generale e non limitatamente al dominio di Wien. Che forse questa dipendenza dell'entropia della radiazione dal volume non sia più valida in generale ? Che sia difficile trovarla partendo dalla formula generale, o del tutto diversa al punto da non permettere di sviluppare le considerazioni decisive dei paragrafi seguenti ? Nulla di tutto questo. Non si sa perché l'autore non sia partito dalla formula completa e vedere che veniva fuori. Comunque ciò che viene fuori con semplice manipolazione della formula generale di Planck per la densità d'entropia è, a parte una inessenziale costante di proporzionalità, la stessa dipendenza dal volume per la variazione entropica d'un processo isotermo reversibile d'una radiazione monocromatica all'equilibrio in regime di Wien. E quindi questa formula è, nella sua dipendenza dal volume, di validità generale e non affatto confinata al dominio di Wien.

La sezione conclude anticipando che questa dipendenza dal volume dell'entropia della radiazione monocromatica è la stessa che quella esibita da un gas perfetto o d'una soluzione diluita. Ora forse si incomincia a schiarire il fantasma che ha agitato la fervida mente del giovane Einstein e tanto impressionato schiere di suoi ammiratori: La radiazione di piccola lunghezza e bassa temperatura può, per alcuni aspetti e problemi, essere immaginata qual costituita da grumi infinitesimali ma finiti di energia raggiante racchiusa entro volumi puntiformi, così come l'energia cinetica delle molecole d'un gas ideale è racchiusa nel loro punto massa. E per questa trovata egli ha, scavando e rovistando nelle formule di Planck, trovato qualche pezza d'appoggio. Ma questa trovata altro non è che la ipotesi di Planck degli elementi discreti di energia $h\nu$, che *ogni* radiazione monocromatica o ogni risonatore d'eguale frequenza può assumere o cedere in un certo numero intero n al di là di ogni modello che ci si può fare della radiazione stessa e di validità affatto generale e non confinata al dominio di Wien. Anzi fu giusto per sanare la sua legge di Wien dalle discrepanze con gli ultimi esperimenti di Lummer-Pringsheim e Kurlbaum-Rubens dell'estate del 1900 che egli fu costretto ad introdurre fortunosamente questa ipotesi extra moenia affatto estranea ai fondamenti elettromagnetici e termodinamici della sua rigorosa teoria. Qui invece noi ci troviamo di fronte ad un curioso modo di ragionare, forse tipico di Einstein di quegli anni; per trovare una giustificazione ad una "sua" trovata, ad una idea, già avanzata in vero prima da altri ed in più generali contesti, egli si particolarizza su d'un aspetto limitato della faccenda in istudio, rimesta le formule già note e studiate e vestendola a nuovo la propone come fosse qualcosa di nuovo e di suo. Lo stesso modo di ragionare e procedere è chiaramente rintracciabile e minutamente documentabile nel suo forse maggiormente famoso coevo lavoro sulla teoria della relatività ristretta a proposito delle trasformazioni di Lorentz.

6. Nella sezione nr.5 egli tratta con considerazioni teoriche-molecolari la dipendenza dal volume dell'entropia dei Gas e delle soluzione diluite. Incomincia facendo una specie di oscura critica alla maniera in cui nel calcolare la entropia di sistemi si adoperi il

concetto o la parola "probabilità". Una critica vaga e poco precisa nel merito e nel metodo, che lo porta a promettere che c'è una maniera, che farà vedere in un futuro lavoro mai apparso, per definire la *probabilità statistica* per i sistemi termici a rimuovere una difficoltà logica che lui vede intralciare ancora lo sviluppo del metodo o Principio di Boltzmann per calcolarla.

Indi attacca a presentare delle formule colleganti la entropia di sistemi qual funzioni indeterminate della probabilità. Che tosto trova essere la funzione logaritmica e poi sul principio delle probabilità indipendenti per sistemi indipendenti, la additività dell'entropia :

$$\varphi_1 \left(W_1 \right) = C \, log \left(W_1 \right) + cost.$$
$$\varphi_2 \left(W_2 \right) = C \, log \left(W_2 \right) + cost.$$
$$\varphi \left(W \right) = C \, log \left(W \right) + cost.$$

identificando la costante universale C con il rapporto **R/N** della teoria cinetica.
E così per la variazione entropica d'una trasformazione generica può scrivere

$$S\text{-}S_0 = (R/N) \, ln(W)$$

Questa formula, come le precedenti, è esattamente la stessa che quella introdotta da Planck nei suoi due articoli del Dicembre 1900 e del Gennaio 1901 [8b,8c].

Come si dice noto, benché in forma diversa, essa in essenza era stata introdotta e usata da Boltzmann e Planck nello scriverla e usarla gliene dà pieno riconoscimento. Le differenze tra quella di Planck e di Boltzmann pare consisterebbero solo nel modo di calcolare la W, forse una diversa scrittura dell'equazione e nel fatto che quest'ultimo non badò mai molto alla rilevanza della sua costante **k**, qui **R/N**, che nella teoria di Planck è invece enorme.

L'autore dell'articolo invece presenta queste formule, già note e pubblicate, come frutto di una sua particolare riflessione che avrebbe sanato la difficoltà del programma di Boltzmann.

Adesso Einstein si accinge con essa a trovare la espressione della variazione entropica per un gas perfetto che per una isoterma passa reversibilmente da un certo volume ad un altro, usando proprio questa formula che contiene la probabilità, anziché l'espressione nota del $dQ_{rev.}$ nella espressione $dS = dQ_{rev.} / T$ per una trasformazione isoterma. Con ragionevolezza e certo immediato intuito, bypassando il calcolo statistico, propone che la **W** del processo, o meglio la probabilità dello stato finale in termini delle variabili termodinamiche pertinenti. Sia:

$$W = (\ v \ / \ v_0 \ )^n$$

con **n** il numero di molecole contenute nel volume finale v o iniziale v_0.

Quindi:

$$S - S_0 = R \ (\ n \ / \ N) \ log \ (v \ / \ v_0)$$

Che è la *nota* formula del **ΔS** per una isoterma. Mi pare curiosamente notevole che l'autore trovi notevole esprimere che mediante questa ultima formula si possa ritrovare le leggi di Boyle e Gay-Lussac e pure l'equazione di stato senza che si *"sia avuto bisogno di fare alcuna ipotesi secondo cui si muoverebbero le molecole"* :

$$-d(E{-}TS) = p \ dv = T \ dS = R \ (n/N) \ dv \ /v :$$
$$p \ v = R \ (n \ /N) \ T \quad .$$

7. Nella seguente sezione si propone di interpretare la espressione per la dipendenza dell'entropia della radiazione monocromatica calcolata prima nel limite della legge di Wien che riscrive subito

$$S - S_0 = \frac{E}{\beta \nu} \lg\left(\frac{v}{v_0}\right).$$

ed ancora la riscrive come

$$S - S_0 = \frac{R}{N} \lg\left[\left(\frac{v}{v_0}\right)^{\frac{N}{R}\frac{E}{\beta\nu}}\right]$$

Confrontando questa con l'espressione generale della variazione entropica in termini della probabilità trova che

$$W = (v\,/v_0)^{\,NE\,/\,R\beta\nu} :$$

"*la probabilità affinché in un qualunque istante scelto a caso la intera energia di radiazione sia racchiusa nel volume parziale v del volume v$_0$.* E continua: *"Da qui noi concludiamo ancora inoltre: Radiazione monocromatica di trascurabile densità (quindi all'interno del dominio di validità della formula radiativa di Wien) si comporta in relazione alla teoria del calore, come se essa consistesse di quanti d'energia indipendenti l'un dall'altro del valore di Rβv / N."*

Questo è "*The miraculous argument*" in cui certa letteratura anglosassone[12] vede la nascita della teoria corpuscolare della luce. Si noti pure che Einstein non scrive mai hν ; vuole ignorare la costante di Planck e la sua formula per l'elemento di energia radiante ε fissata da Planck. Questo avrà conseguenze molto importanti sul *claim* di Einstein e suoi adoratori per farne il *padre* del quanto di luce ed il suo uso nella legge dell'effetto fotoelettrico. La sorgente di quella, non si sa quanto proficua, diatriba che doveva infestare la fisica teorica delle due decadi successive ed anche oltre il

1925 quando P. Jordan sciolse il dilemma cornuto in cui si erano incasinati anche i migliori fisici teorici. Infatti qualche anno dopo, il 1909, nel calcolare la fluttuazio-ne statistica dell'energia media del quanto di luce Einstein trova, usando ora la formula di Planck completa, che è fatta di due addendi; uno che si riferisce al regime di Wien, definito *corpuscolare* e l'altro al regime, diciamo per brevità, di Rayleigh, *ondulatorio*. Da qui il pestifero conundrum del dualismo onda-corpuscolo della luce iniziato da Einstein.

Infine trova il valore dell'energia media dei quanti d'energia d'irradiazione in regime di Wien che è ovviamente il doppio dell'energia cinetica media della molecola monoatomica d'un gas perfetto alla stessa temperatura della radiazione

$$\frac{\displaystyle\int_0^\infty \alpha\,\nu^3 e^{-\frac{\beta\nu}{T}}\,d\nu}{\displaystyle\int_0^\infty \frac{N}{R\beta\nu}\,\alpha\,\nu^3 e^{-\frac{\beta\nu}{T}}\,d\nu} = 3\,\frac{R}{N}\,T.$$

Una ridondanza: visto che all'equilibrio questo valore deve essere lo stesso che quello dell'energia media del risonatore da lui già data nel primo paragrafo benchè riferito ad un solo grado di libertà traslazionale. Conclude che ora, *"se radiazione monocromatica (di sufficientemente piccola densità) riguardo alla dipen-denza della entropia dal volume si comporta come un mezzo discontinuo consistente di quanti di energia del valore Rβν / N, allora ci sta davanti da studiare se anche le leggi della produzione e trasformazione della luce siano così fatte, come se la luce fosse costituita da quanti d'energia di simile natura."*

Con questa sezione si conclude il travaglio concettuale e ri-elaborativo delle idee di Einstein riguardo alla ipotesi che la luce sia costituita, come indicherebbe qualche indizio formale e concettuale da lui scorto, da elementi discreti d'energia. Nelle altre tre sezioni si proverà ad interpretare fatti sperimentali noti concernenti la produzione e trasformazione della luce per mezzo del concetto da lui avanzato, benché questi fenomeni siano chiaramente e certamente per niente affatto fenomeni reversibili di equilibrio.

8. Ma chiediamoci: dopo sei sezioni e diverse pagine di considerazioni, una dozzina di formule matematiche, uno esperto nel campo del corpo nero, mettiamo Wien o Planck, o uno sperimentatore qual Kurlbaum o Lummer, un ragionare alquanto singolare, indiretto e condito con semplici prestidigitazioni matematiche su formule già note, avrebbe quegli d'un **e** aumentato la sua conoscenza, la sua comprensione sui problemi che l'avevano angustiato per anni ? C'è mai in queste sei sezioni alcuna cosa, un concetto, una formula, ipotesi o procedura veramente nuova, innovativa che risolve qualche punto, che apre nuovi scorci e punti di vista del problema ? Nella migliore disposizione si può dire che ha trovato qualche argomento e formula, tra le formule di Planck e quelle della teoria cinetica che rendono in qualche modo più intuitivo il quanto d'energia, epperò limitatamente al regime di Wien. La risposta ci parrebbe dunque essere decisa e semplice: no. No, in queste sei sezioni non c'è alcuna cosa che mai avesse potuto interessare un Planck o Wien o altri che si occupavano del problema della radiazione. Einstein in queste pagine ha solo rimestato parzialmente la letteratura scientifica già nota e l'ha usata, anche poco professionalmente e elegantemente si può concedere, con un suo tipico modo di ragionare che più che affrontare i problemi qui sembra invece aggirarli, accerchiarli e confonderli, per poi ripresentare le stesse cose già note come se uscissero da un modo di procedere originale e suo. Questo ad alcuni è parso e pare geniale.

Tanti avvocati[2-8] del grande scienziato al riguardo, non per ignoranza, forse per corrivo spirito di corpo, affermano con saputa dottrina che la ipotesi del quanto luce qui avanzata andrebbe oltre quella del quanto Planckiano, addirittura che sia antitetica[7], in che riguarderebbe la radiazione stessa e non gli oscillatori, che mimano la materia in equilibrio radiativo e termodinamico con quella e per cui Planck aveva ideato e applicato la sua ipotesi, la radiazione libera e non quella vincolata del corpo nero all'equilibrio; e quindi con essa Einstein avrebbe compiuto un salto qualitativo cruciale rispetto a Planck nell'avviare e fondare, *even on stronger foundation* scrive uno stimato fisico americano[2b], la teoria dei quanti.

 Ora le cose invece non stanno affatto così e solo coloro che non hanno letto attentamente i lavori originali di Planck, né il lavoro qui in esame possono affermare con leggerezza queste cose. In primis all'equilibrio risonatori e radiazione sono a tutti gli effetti concettuali e formali identici, anche Einstein qui assume ciò. Gli oscillatori planckiani, i risonatori, sono solo degli espedienti teorici per potere raggiungere l'equilibrio, una volta raggiunto questo stato essi sono inessenziali. E' la radiazione che scambia nelle sue componenti i quanti di luce. Un indizio di ciò è la densità degli stati monocromatici della radiazione per unità di frequenza che da Planck viene calcolata sulla scorta della teoria elettro-magnetica di Maxwell, cioè di equazioni di campo indipendentemente dalla loro sorgente materiale. D'altra parte in un onda elettromagnetica monocromatica in propagazione ogni punto dello spazio da essa investito può ben pensarsi come un oscillatore o risonatore hertziano della stessa frequenza dell'onda. L'affermazione che Planck avesse allora quantizzato solo l'energia dei risonatori e non quella della radiazione in equilibrio con questi, è erronea e denuncia anche una scorretta comprensione del fenomeno. In ogni caso studiando i lavori di Planck senza secondi fini ci si convincerà facilmente della improprietà e scorrettezza di una simile affermazione.

Vero, Einstein nella introduzione dice che la energia d'un raggio di luce in propagazione emesso da un corpo puntiforme anziché distribuirsi continuamente ed illimitatamente in tutto lo spazio attraversato si concentrerebbe in un numero finito di elementi, i quanti luce, localizzati in punti dello spazio che si muovono e senza frazionarsi vengono emessi ed assorbiti solo come interi. Ma questo già c'è negli ultimi e definitivi lavori di Planck[9a,b]: perché è chiaro che la radiazione della cavità radiante si propaga da un punto ad un altro della stessa e viene assorbita o emessa per preesistenti unità intere e discrete del valore **hn,** colà presenti nel volume della cavità, da un modo ad un altro della stessa specie e quando viene poi da essa estratta per delle misurazioni, e si propaga liberamente fin allo strumento di misura essa è sempre ed identicamente ancora uguale a quella colà presente nella cavità. Quindi la storia della quantizzazione della radiazione libera appare solo una banalità concettuale, una logicamente necessaria conseguenza della posizione.

"Ora dipende da come trovare la probabilità W affinché gli N risonatori possiedano nel complesso l'energia d'oscillazione U_N. Qui però è necessario ora concepire U_N non qual una continua, illimitatamente divisibile grandezza, bensì una discreta e composta da un numero intero di parti identiche e finite.

$$U_N = P\varepsilon = UN \qquad \text{[form. nr. 4 della ref. 9a]}$$

con P in generale un numero intero grandissimo, lasciando il valore ε ancora da determinare." scrive Planck; con U energia *media* del singolo risonatore, U_N energia totale degli N risonatori di frequenza ν. È proprio necessario sottolineare che la sopra citata equazione significa anche $\rho = U N/V = P \varepsilon /V$ e convincersi che l'elemento di energia ε deve essere grosso modo puntiforme giacché P è enorme e ρ finito ? Inoltre, che Planck, non Einstein, *proverà*, non ipotizzerà, con brillanti considerazioni termodinamiche, queste sì profonde e di grande momento, che *deve* risultare $\varepsilon = h\nu$ e quindi l'intensità della radiazione di tale risonatore, di tale onda e.m monocromatica, deve essere proporzionale a $P\varepsilon$ e non al quadrato del campo E ?

E' proprio necessario riportare la tabellina di Planck [9a,b]

1	2	3	4	5	6	7	8	9	10	N
7	38	11	0	9	2	20	4	4	5	P

$N = 10$, numero di risonatori o radiazione di data frequenza nel tempo, $P = 100$ unità di ε, U_N energia totale della radiazione, per dire che ciò significa che un risonatore o, equivalentemente in ogni rispetto, la radiazione di eguale frequenza, passa dallo stato di energia $7\,\varepsilon$ a quello di $38\,\varepsilon$, assorbendo $31\,\varepsilon$ e che questi elementi di energia prima di essere assorbiti stanno nella cavità o sono stati emessi da un altro risonatore di eguale modo come interi e tali viaggiano fin all'altro risonatore ? E se l'energia totale dei dieci modi di frequenza ν è quantizzata dentro la cavità, perché mai non dovrebbe essere più tale quando l'abbandona ? E come avrebbe mai potuto Planck fiducioso determinare il valore della sua costante h, con valori di misure ottenute per la radiazione cosiddetta libera, quella che ha abbandonato la cavità, che deve essere la stessa identica in ogni suo aspetto a come era prima, così cruciale nella relazione $Ph\nu$, se dopo non fosse stata quantizzata e quindi non fosse più valsa questa posizione? Non è già contenuto tutto, completamente e perfettamente nella ipotesi di Planck e nei suoi lavori del Dicembre 1900 e Gennaio 1901 (Par. 1 della referenza 9a), quanto Einstein nella sua introduzione espone presentandola qual ipotesi da lui *concepita* e colà presentata ? Cosa c'è di nuovo ed originale, vestitino a parte, in questa "sua" ipotesi che non sia contenuto in questi lavori di Planck ?

9. La sez. 7 del lavoro è dedicata alla legge di Stokes concernente il fenomeno della *fotoluminescenza*; cioè assorbimento di luce visibile o ultravioletta da parte di speciali corpi ed emissione di luce a maggiore lunghezza d'onda. Quindi trasformazione di luce. Assumendo che la luce eccitatrice sia composta da quanti di frequenza $h\nu$, egli dice che ogni quanto $h\nu_1$ interamente assorbito è responsabile di per sé della generazione del quanto di luce prodotto $h\nu_2$, e che nel processo potrebbero anche essere emessi altri quanti di luce di frequenza ν_3, ν_4, o anche generare energia sotto forma di calore. Ciò è indifferente. Se la sostanza assorbitrice di per sé non è una sorgente continua di energia, allora per il principio di conservazione, deve risultare ovviamente

$$h\nu_2 < \text{o uguale } h\nu_1 \quad \text{e quindi } \nu_2 < \text{ o uguale } \nu_1.$$

Che è la nota regola di Stokes. Osserva Einstein che ci dovrebbe essere proporzionalità tra le intensità dei fasci di luce generatrice e prodotta, in condizioni di debole illuminamento, cioè nel regime di Wien, chè i processi in questione sono elementari e indipendenti gli uni dagli altri. Passa poi a discutere i casi di deviazioni della legge di Stokes riconducibili secondo lui alla violazione dei limiti di validità della legge di Wien, oppure quando la luce in questione non ha le caratteristiche energetiche che dovrebbero essere proprie della radiazione nera alludendo alla possibilità d'una radiazione "non Wien", anche di debolissima intensità, ma non del tipo energetico della radiazione nera. Una considerazione alquanta oscura.

Se ci chiediamo che ne ha fatto Einstein in questo caso della regola di Stokes della sua ipotesi del quanto di luce, ci si può lasciare andare a dire che ha riprodotto la *nota* legge con la particolare interpretazione dei quanti di luce di luce. Null'altro. Non aggiunge alcunché alla nostra comprensione della legge di Stokes, al più la razionalizza, la interpreta con il quanto in modo conforme all'esperienza.

10. E passiamo ora alla parte forse più importante e valida della applicazione del quanto di luce: la produzione di raggi catodici, cioè di elettroni, per illuminamento con radiazione violetta o u.v. di materiali, in genere e più facilmente metallici. E' la sezione che il signor Hoffmann dipinge letterariamente qual *denouement*, dopo il *climax* che abbiamo visto *"the paper cruises along another plateau, then swoops into a breathtaking shift of scene"*[6]. Veramente un *conte d'Hoffmann* ! Einstein premette che la interpretazione dei risultati di Lenard è assai difficile con la teoria ondulatoria della luce, distribuzione continua di energia sugli spazi da essa investiti. E qui propone egli la sua.

I quanti di luce incidente $h\nu$ penetrano nel metallo e grosso modo alla superficie cedono la loro energia, almeno in parte, agli elettroni sotto forma di energia cinetica. Nel caso più semplice tutta l'energia del quanto viene trasformata in energia cinetica dell'elettrone. Se questo elettrone eccitato cineticamente raggiunge la superficie avrà compiuto un certo lavoro e se esce fuori dal metallo avrà dovuto fare un lavoro P caratteristico della sostanza cui appartiene. Gli elettroni che ancora hanno energia cinetica e si trovano sulla superficie lasceranno il corpo con una e-nergia cinetica uguale a $h\nu-P$ [15]. Il potenziale, positivo, Π a cui si potrebbe caricare il corpo emittente per impedire la perdita di elettroni dovrebbe essere tale che, scrive Einstein, valga la seguente equazione

$$\Pi \varepsilon = h\nu - P$$

oppure, moltiplicando per la costante di Avogadro:

$$\Pi E = N h\nu - P'$$

in termini di carica d'un grammo-equivalente d'uno ione monovalente.Continua poi facendo certi calcoli elementari per ricavare alcuni numeri sul potenziale Π che egli trova consistenti in ordine di grandezza con dati di Lenard. E osserva la cosa forse più importante di tutto il lavoro; che ci dovrebbe essere linearità, come dice la sua equazione, tra il potenziale Π e la frequenza, cioè tra l'energia cinetica(massima) del fotoelettrone e la frequenza della luce incidente. Rappresentate su di un diagramma cartesiano, dice l'autore, l'inclinazione della retta dovrebbe essere indipendente dalla natura della sostanza fotoemittente. Se le cose avvengono come esposto allora la qualità della radiazione catodica prodotta, cioè lo spettro dei fotoelettroni, e cioè ancora la loro massima energia cinetica sarà indipendente dalla intensità della luce incidente, mentre quest'ultima determinerà il numero totale di elettroni che abbandonano il corpo.

Poi passa a discutere brevemente i limiti di validità delle cose da lui esposte riconducibili a quelli prima discussi a proposito della legge di Stokes. Ma solo se *"l'energia, almeno d'una parte dei quanti di energia, della luce eccitante venga sempre e completamente ceduta ad un singolo elettrone. Non facendo questa semplice e comprensibile ipotesi, allora si ottiene invece della anzi data equazione la seguente*

$$\Pi E + P' \leq R\beta v. \text{ »}$$

Chiude la sezione discutendo brevemente il fenomeno inverso a quello prima discusso, cioè la luminescenza catodica, produzione di luce ad alta frequenza per irraggiamento elettronico di anodi. Presentando una formula eguale a quella precedente, ma con il segno di maggiorazione opposto cioè maggior o eguale a $R\beta v$.
Questa sezione, come detto è forse la più importante del lavoro ed è quella che viene chiamata direttamente in causa nella motivazione dell'assegnazione del Premio Nobel. Bisogna quindi ben valutarla.

11. A differenza di quanto fatto per la legge di Stokes qui egli propone una semplice formula incardinata sul quanto di luce che lega alcune quantità osservabili e misurabili del fenomeno che già era sotto scrutinio severo da parte degli sperimentatori e su cui si sapevano molte cose e non poche, come vuol far capire il signor Pais. Come accennato egli fa pure un check qualitativo della ragionevolezza della sua formula interpretativa e afferma con sicurezza che essa non sembra essere in contrasto con le misurazioni sperimentali di Lenard. Spiegare queste cose ed osservazioni sul fenomeno dell'effetto fotoelettrico trattando la luce con la teoria ondulatoria di Maxwell a quanto pare era assai difficile, forse impossibile. La produzione di fotoelettroni per eccitamento ottico o u.v. di superfici metalliche ha caratteristiche discrepanti con la normale comprensione della luce qual fenomeno ondulatorio. L'ormai più che decennale lavoro d'investigazione sperimentale in quegli anni culminava allora con almeno due lunghi articoli[14] (1902, e 1903) di un maestro dell'esperimento su tubi di scarica ad alto vuoto; P. Lenard che Einstein cita nell'articolo ripetutamente con certa adulatoria enfasi. Einstein è possibilmente al corrente degli studi e risultati di Lenard non solo attraverso la letteratura che stavolta cita, ma forse in maniera più diretta e ravvicinata. Sua moglie Mileva proprio in quegli anni, 1902-3, trascorre sei mesi nel laboratorio di Lenard, ad Heidelberg in quel tempo, e ne segue le sue lezioni. Cosa ben curiosa a quel tempo e per quel reazionario d'un Lenard ! E' quindi ben possibile che egli per mezzo di Mileva conoscesse assai bene che cosa avesse studiato Lenard.

Qui vogliamo ora richiamare brevemente quali erano queste caratteristiche principali dell'effetto fotoelettrico che confliggevano con la teoria maxwelliana della luce e li copiamo da un textbook[2b] americano molto diffuso negli anni 60 e 70' in molte università e particolarmente in Italia che ci dà pure, giusto parlando del contributo di Einstein ai fondamenti della fisica quantistica, i maggiori contributori a questo fenomeno:

a) La corrente fotoelettronica è proporzionale alla intensità della luce eccitatrice (Elster e Geitel, 1891).
b) Le particelle emesse sono elettroni (Lenard, J.J. Thomson).
c) Le energie cinetiche degli elettroni emessi sono indipendenti dalla intensità della luce eccitatrice, ed il numero di elettroni emessi è proporzionale alla intensità della luce (Lenard, 1902).
d) La energia cinetica massima dei fotoelettroni è tanto più grande quanto più alta è la frequenza della luce eccitatrice e nessun fotoelettrone viene emesso per luce al di sotto di una frequenza di soglia eccitatrice (Lenard, 1903) caratteristica per ogni sostanza.

Questi erano dunque i fatti sperimentali già assodati e a conoscenza di tutti attraverso la letteratura, invitando il lettore a meditarli. Non c'è dubbio ora che l'intraprendenza del giovane Einstein qui è decisiva; egli getta in questa spinosa questione dell'effetto fotoelettrico l'idea del quanto di luce e propone una felice sua interpretazione del fenomeno basata sui quanti e sulla indipendenza delle loro azioni nel metallo irradiato eccitandone gli elettroni. Ma i fatti sperimentali importanti erano già lì belli e pronti, la sua interpretazione non li prevede ex nihilo, ma li razionalizza e li inquadra organicamente ed unitariamente. Che non è poco. Con questo modellino elementare di assorbimento d'energia per quanti e corrispondente emissione degli elettroni egli riesce a compendiare qualitativamente e quantitativamente le principali caratteristiche note del fenomeno in una unica e semplice equazione che altro non è che il principio di conservazione dell'energia applicato all'interazione luce metallo. Infine l'autore chiude con un paragrafo sulla ionizzazione dei gas dove sviluppa simili considerazioni qualitative e quantitative, che noi però trascureremo, nonostante la spettroscopia di fotoelettroni degli ultimi 40 anni pei gas si possa far datare in nuce a partire da quest'ultima sezione del lavoro.

E' una teoria ciò che Einstein propone per il fenomeno in esame ? Sì, senza dubbio, se pur in qualche speciale senso, è una teoria che organizza organicamente una serie di osservazioni sperimentali discrepanti con la normale e generalmente accettata teoria ondulatoria della luce fissandone anche la loro relazione matematica. Tuttavia essa, per come venne allora presentata, non prevede alcun nuovo aspetto del fenomeno e può essere considerata un semplice portato del concetto di quanto d'energia luminosa e del principio di conservazione. La prevista, rigorosa linearità tra energia cinetica massima dei fotoelettroni e frequenza già anticipata da Lenard, verrà accertata negli anni seguenti da Millikan, che non credeva affatto all'ipotesi dei quanti di luce e poi ancora da altri. L'inclinazione della retta rappresentante le dominanti grandezze dell'equazione, dichiarata indipendente dalla sostanza fotoemittente, permetteva anche di determinare(Millikan, 1916-17) per altre vie, diverse e indipendenti che quelle teoriche e bolometriche adoperate da Planck(1900, o anche prima) anni prima, la costante **h** qual costante universale di natura. E quindi non c'è dubbio che l'ardimento e la spregiudicatezza del giovane Einstein qui, alla luce dei successivi sviluppi della fisica, fa pienamente centro, ancorando il quanto di luce e la sua costante universale di Planck nei fenomeni più profondi ed elementari dell'interazione radiazione-materia. Nella rappresentazione di Pais[2b] le cose però starebbero altrimenti: "*Questa equazione faceva predizioni del tutto nuove e assai impegnative: primo, E doveva variare linearmente con v; secondo, la pendenza della curva (E, v) doveva essere una costante universale, indipendente dalla natura del materiale irraggiato; terzo il valore di tale pendenza doveva coincidere con la costante di Planck determinata dalla legge di radiazione.*" Possiamo rinviare il signor Pais per i punti 1 e 2 ai lavori di Lenard se non crede al suo connazionale Leighton ? Per il terzo punto poi la sua pretesa è veramente ridicola, ma giustificata dalla maniera in cui Einstein scrive le sue equazioni. Infatti come notato già prima egli disconosce la costante **h** introdotta esplicitamente da Planck nella sua equazione, ma scrive sempre e ovunque Rβ/N, β = h/k e questo intitola Pais a parlare d'una costante universale, come dapprima cosa diversa da h, per poi affermare che quella costante universale introdotta da Einstein nella sua equazione dell'effetto fotoelettrico deve essere la stessa che quella di Planck. "*Pretty incredible !*" aveva scritto il suo maggiore gregario Hoffmann nel suo fascinoso *conte*.

Tuttavia l'articolo e la sua idea portante, nonostante il *Weihrauch* del turibolo di Pais, il quanto di luce preso a prestito da Planck, non troverà negli anni seguenti molta positiva accoglienza. La ipotesi di Planck ripresa col coraggio e l'energia dei suoi vent'anni ed insistita con un'altra pubblicazione appena un anno dopo appariva ai più incomprensibile, inaccettabile persino ributtante. Lo stesso Planck se ne ritrasse spaventato e – temendo forse un *ostracon* simile a quel malcapitato pitagorico ateniese che nel IV secolo a.C. divulgò l'esistenza dell'irrazionale – cercò a lungo come giustificarla ed estrarla all'interno delle ipotesi continuiste di Maxwell. Ne parlerà sempre con ritrosia, pudore, come quasi di un peccato commesso e l'accetterà così come si può accettare un temporale indesiderato o un figlio sciancato. Così è ben possibile che in quegli anni di violente oscillazioni, laceranti perplessità e controversie sui fondamenti della fisica, vista l'aggressività pubblicistica e la sua attitudine cinicamente machiana, Einstein, che è al tempo machiano e Boltzmanniano, atomista e continuista allo stesso tempo, sia apparso come l'alfiere o ben anche il padre del quanto di luce. Come accadeva un po' anche per la relatività. Ha abbracciato, cercando di cambiarle un po' con rimestamenti vari, talora ben riusciti e traumatici, le idee ed i risultati di due rispettati fisici, Lorentz e Planck e se ne fa il loro brillante divulgatore. I due lo prenderanno tosto a simpatia e gli largiranno benignamente la loro protezione e il loro aiuto promuovendolo presto nell'esclusiva e allora sparuta cerchia dei pochi fisici teorici del tempo che vogliono acquistare più voce ed influenza nel mondo d'una scienza fisica in crescita tumultuosa.

La cosa curiosa è che verosimilmente Einstein forse credette veramente, quanto meno per certo tempo, che l'avesse postulato lui e non Planck il quanto di luce e quindi giudicare poi questo modesto lavoro il più rivoluzionario dei suoi importanti contributi alla fisica, se in un lavoro dell'anno seguente(1906) che ancora tornava sull'argomento del quanto scrive: "*Mi pareva allora* – cioè un anno prima – *che la teoria di Planck costituisse per certi versi un riscontro del mio lavoro (Sic!). Tuttavia nuove considerazioni esposte qui di seguito nel par. 1 mi hanno rivelato che il fondamento di quella teoria* – quella di Planck – *differisce da quello che risulta dalla teoria di Maxwell precisamente in quanto essa implicitamente fa uso (Sic!!) dell'ipotesi dei quanti di luce menzionata poc'anzi*"

E ancora nello stesso lavoro [5]:

"*Ritengo che le riflessioni precedenti non siano affatto in contrasto con la teoria di Planck; anzi esse mi sembrano indicare che nella sua teoria Planck ha introdotto nella fisica un nuovo elemento ipotetico: L'ipotesi dei quanti di luce.* "

Se queste righe hanno un senso, esso o è brutto o banalmente stupido. Il primo è poco commendevole e ci si sorvola, il secondo sarebbe che al momento di scrivere l'articolo dell'anno prima, Einstein non abbia letto o capito per intero il lavoro di Planck, se non un anno dopo.

Conclusione

In se e per sé l'articolo qui esaminato, fatta salva la parte sull'effetto fotoelettrico, è un articolo così così, nient'affatto originale e che certo non sarebbe bastato come base per fama e prestigio di un lavoro che venga onorato e riconosciuto internazionalmente con il massimo lauro. Il quanto di luce non l'ha ipotizzato lui in questo lavoro, ma Planck cinque anni prima. Planck ne è il legittimo padre; di un figlio, hν, nato perfetto, completo di ogni cosa per camminare, svilupparsi e crescere così come è poi cresciuto. Anche per le tante cure e attenzioni di Einstein. Il quale però, analogamente al suo grande mentore, non ne volle mai comprendere la sua fondamentale unicità e irriducibilità, per come v'è innestata la costante universale h, il quanto d'azione, forse la cosa più importante di tutta la faccenda, che egli sperò sempre di ricondurre alla velocità della luce c.

Lui stesso in qualche occasione si diceva imbarazzato per questa piega della storia. Nei due anni successivi alla assegnazione del Nobel lo stessa tema, l'effetto fotoelettrico, sarà ancora, fra l'altro, l'argomento della motivazione per altri due premi Nobel, R. A. Millikan e M. Siegbahn. E si chiacchiera che il Nobel Committee, sia stato in serio imbarazzo nel trovare la motivazione esplicita per l'assegnazione del premio ad Einstein, che certamente non poteva essere il quanto di energia o di luce, che era stato la base della motivazione per Planck due anni prima. La completa menzione della motivazione recita infatti genericamente prima dei suoi servigi e studi nel campo della fisica teorica, specificando infine a margine la scoperta dell'equazione dell'effetto fotoelettrico.

Gli è che dopo il 1919, a guerra finita, la relatività generale, la chiassosa spedizione di Eddington, *"il Copernico del XX secolo"*, *"il Newton ebreo"* su tutte le ruote e piazze dei giornali etc. la crescente prominenza politica internazionalista della figura di Einstein—in quei mesi commissario speciale assieme alla Curie della SdN—, imponeva per una ragione o un'altra l'assegnazione del Nobel, che è sempre venato di ragioni extra-scientifiche, diciamo pure mondane e politiche; gli si doveva, imperiosamente, per un motivo o per un altro. L'anno prima, 1920, per chiare ragioni politiche, la ringalluzzita arroganza francese aveva imposto agli Svedesi il nome d'uno sconosciuto sperimentatore di leghe e metalli, certo

Guillaume. Un nome che nessun studente di fisica d'allora e dei decenni successivi avrebbe mai sentito nominare o letto in qualche libro o rivista di fisica, facendo imbestialire le mortificate e umiliate congreghe dei fisici tedeschi e quindi anche Einstein che l'aspettava ormai da qualche anno, non certo per l'effetto fotoelettrico Incominciando poi a prevalere fra gli alleati certo spirito di rappacificazione verso i vinti *Unni*, e dominando ancora la scienza tedesca massicciamente nel panorama intellettuale europeo di quegli anni e del decennio successivo, qual miglior auspice segno di un nuovo avvenire di pace e concordia, Versailles a parte, che dare il prestigioso e ricco lauro della fisica, specialmente per quei tempi di miseria, ad A. Einstein ? Che pur essendo Unno di nascita, educazione e lingua non si sentiva affatto tale, bensì apolide o cosmopolita della *meilleure creme* e che certamente lo meritava per diverse ragioni ? Bene; Einstein è l'icona della fisica e i suoi meriti in essa sono stati tanti e importanti sotto ogni rispetto; resta però il fatto, che qui si è cercato di provare, che il quanto di luce non fu farina del suo sacco. Planck, come dice anche la motivazione del Nobel Committee, ne è il legittimo e proprio padre.

Bibliografia

1.) A. Einstein, Ann. d. Physik IV Folge XVII, p. 132-148, 1905
2.) Per tutti qui si citano due testi, molto noti in Italia: a)P. Caldirola. R. Cirelli e M Prosperi: Introduzione alla Fisica Teorica, UTET, 1982; b)R. B. Leighton, Principles of Modern Physics, McGraw-Hill, Book Company, Inco. N.Y, Toronto, London, 1959.
3. a) A. Pais, Subtle is the Lord...The Science and the Life of Albert Einstein, 1982, Oxford University Press. In Italiano per i tipi della Bollati Borignhieri, Torino, 1986, e L'Espresso Editoriale, 2006 con il titolo; Einstein Sottile è il Signore...." La scienza e la vita di Albert Einstein. b) Th. Kuhhn, Balckbody Theory and the Quantun Discontinuity, 1894-1912, 1978, v. anche la ediz. Italiana

del Mulino, Bologna, **c)** Max Jammer The Conceptual Development of QM, McGraw Hill, 1966 **d)** Einstein, Teoria dei quanti di luce, a cura e con un saggio di Armin Hermann, Newton Compton Editori. **e)** E. Bellone(a cura. di); Albert Einstein, Opere Scelte, Bollati Boringhieri,1988, v. Introduzione p. 18-21 **f)** D. Cassidy, Einstein and Our World, Humanity Books, 2004

4.) Vedi www.nobelorg.com o anche la referenza nr.3c p. 753: "per i suoi contributi alla fisica teorica e specialmente per la scoperta della legge dell'effetto fotoelettrico."

5.)A. Einstein; Theorie der Lichterzeugung und Lichtabsorption, Ann. d. Physik, IV Folge B. XX pp. 199-206, 1906

6.)R.Hoffmann(Nobel per la Chimica, 1981), American Scientist, vol. 93, July-August, 2005, p. 308-310

7) Il signor Bellone, in ref. 3c, pag. 19 trova: *"una simile descrizione della luce antitetica alla descrizione della radiazione data da Planck nel 1900: e tale incompatibilità era destinata a durare."* Non cita però lo stesso quali passi dei lavori di Planck del 1900 siano così antitetici a questa veduta di Einstein. Si può rimandare il signor Bellone alla memoria di Planck del Gennaio del 1901 o a quella del Dicembre del 1900 ? Invitandolo pure a non liquidare il problema del c.n. e la soluzione di Planck come fatto in quella sua sciatta e falsa rappresentazione datane a pag. 17 e successi-va dove presenta la relazione, celeberrima dice lui, $E= h\nu$, come qualcosa di astruso e nebuloso, calato dalla luna, de-contestualizzandola in maniera sospetta, per far meglio risaltare la sua interessata adorazione dell'icona Einstein.

8) R. M. Nugayev; Annales de la Fondation L. de Broglie, vol. 25, nr. 3, p. 337-361, 2000

9) Lord Rayleigh, Philosophical Magazin XLIX, p. 539-540, 1900

9)M. Planck; a)Annalen der Physik IV Folge, Band 4, S. 553-563, Januar 1901: b) Verhandlun. d. Deutsch. Physikal. Gesellsch. Berlin del 19 Ottobre e del 14 Dicembre 1900, Transazioni, Band.

2, p. 202 e p. 237, 1900: c) Ann. d. Physik , IV Folge Band. I p. 719, 1900: d) Ann. d. Physik., IV Folge Band I p. 69, 1900.

10) M. J. Klein: Einstein and the Wave-particle Duality, The Natural Philosopher 3, (1964) p. 1-49

11) Ryno-Renn, Norton, Uffink;   Studies in History and Philosophy of Modern Physics vol. 37 (2006) 1, (Centennary of Einstein's Annus Mirabilis)

12)A. Duncan and M. Janssen; Pascual Jordan's Resolution of the conundrum of the wave-particle duality of light; HQ1, MPI for History of Science, Berlin 2-6 July 2007

13.) Il Pais, in ref. 3a Pag. 400(ediz. Italiana) al riguardo è pronto a far carte false : Scrive infatti, pensando solo al lettore sprovveduto, che N fu determinato da E. confrontando   la equazione con i dati sperimentali alle grandi lunghezze d'onda, ottenendo 6.17×10^{23}. Che è affatto falso .   Inoltre, caro signor Pais, Einstein nel suo lavoro non dice affatto: "se si usa la 19.17 (cioè la 2a del presente) anziché la legge di Planck, si è in grado di giustificare ciò che si fa sulla base di primi principi accertati". Signor Pais ! Il suo gioco è stato sporco e scoperto: lei presenta con disonestà sminuendola e avvilendola una gran teoria qual cosa vaga e avventurosa non fondata su primi principi accertati, mentre quella del suo santino, che è veramente tale, una teoria rigorosa. Due misere paginette scopiazzate in un paio di giorni, per un arduo e appassionato lavoro di più di cinque anni ! Suvvia ! Che dio la perdoni.

14.) a) P. Lenard; Ann. d. Physik, IV Folge Band 8, p. 149-198 1902, b) ibidem, Band 12 p. 1903, p. 449-490, 1903

15.) Qui abbiamo per semplicità scritto hn in luogo di Rb/N, b = h/ k, come nello scritto di Einstein.

16) W. Wien; a)Wiedmann Ann. 52 p.132-165 1894; b) ibidem 58. p. 662 1896

Asimmetrie antirelativistiche del campo

Rocco Vittorio Macrì

> «*La teoria della relatività scaturisce*
> *dai problemi del campo*»
>
> A. Einstein e L. Infeld

«Ecco quindi tre modi diversi di suonare una campana. Essi hanno però in comune la circostanza che tra l'operatore e la campana vi è una linea di comunicazione continua, e che in ogni punto di questa linea avviene un processo fisico per mezzo del quale l'azione è trasmessa da un estremo all'altro. *Il processo di trasmissione non è istantaneo ma graduale; di modo che vi è un intervallo di tempo, dopo che l'impulso è stato impresso a un'estremità della linea di comunicazione, durante il quale l'impulso è in viaggio ma non ha ancora raggiunto l'altra estremità.* E' dunque evidente che in molti casi l'azione tra corpi distanti può essere spiegata da una sequenza di azioni di ciascun elemento – di una serie di corpi occupanti lo spazio interposto – sul successivo».

Ecco descritte magistralmente da Maxwell (in *On Action at a Distance*, 1873) le proprietà fisiche del campo in generale (corsivo aggiunto). Egli era così convinto della realtà di un tale ente avente le sopra sintetizzate caratteristiche che arriva a scrivere alla fine del suo articolo queste parole: «Per quante difficoltà possiamo incontrare nella formulazione di una valida teoria della struttura dell'etere, non vi può essere dubbio che gli spazi interplanetari e interstellari non sono vuoti, ma sono occupati da una sostanza o corpo materiale, che è certamente il corpo più esteso e probabilmente il più uniforme che si conosca».

Se teniamo ben presente la struttura concettuale del pensiero maxwelliano appena esposto, si rimane veramente perplessi nel vedere la moderna tendenza verso un forzato matematismo staccato e isolato dalla struttura semantico-epistemica che lo ha generato[33], come testimoniano le seguenti parole di Hertz: «To the question, "what is Maxwell's theory?" I know of no shorter or more definite answer than the following: Maxwell's theory is Maxwell's system of equations»[34]. Ed è forse reperibile in questa stessa sostituzione dei

---

[33]   Un approfondimento, per quanto riguarda l'assetto matematico esasperato nel quadro attuale della scienza, si trova in *Il linguaggio della matematica*, «Episteme», 5, 2002, di U. BARTOCCI e R.V. MACRÌ.

[34]   Cit. in H. DINGLE, *Science at the Crossroads*, London 1972, p. 131. Bisogna qui aggiungere che la stessa posizione epistemologica di Maxwell può essere vista evolutivamente approdante ad una «formalizzazione della teoria», al fine di evitare di «perdersi nei dettagli delle modellizzazioni» (G. PERUZZI, *Maxwell: dai campi elettromagnetici ai costituenti ultimi della materia*, Milano 1998, p. 70), anche se dal nostro punto di vista ciò apparirebbe più una "resa" – una *rinuncia* – di fronte alle «complesse e artificiose procedure di confronto tra modelli eterei diversi» (*ibidem*) che non l'evidenza di un "modello" che «non serve mai a niente» se non quello di ricavare "la legge fisica" (R. FEYNMAN, *La legge fisica*, Torino 1971, p. 63). Così ci sembra quantomeno rischioso per la sua carica chimerizzante ciò che è affermato da Feynman: «quando vi liberate di tutti gli ingranaggi e gli aggeggi nello spazio tutto va bene» (*ibidem*); appare cioè sottovalutato in questo secolo il pericolo di una matematica "cabalistica" che – usando i termini di Bacone – «generi» e «procrei» la scienza stessa. In questo senso "il sistema delle equazioni di Maxwell" potrebbe essere visto come il primo esempio di un sopravvento del costrutto matematico sulla realtà fisica, il cui successo avrebbe aperto le porte alla possibilità epistemologica della relatività di Einstein e conseguentemente della meccanica quantistica, come appare dalle affermazioni di Dingle: «The first serious example of the *mastery*, instead of the *servitude*, of mathematics in relation to physics came with Maxwell's theory of the electromagnetic field, and that, as would be expected, only in a very tentative way and not without resistence» (*cit.*, p. 130), così che: «It was a short step from acceptance of the physically unintelligible to the physically absurd, but the description of this must be postponed until we come to the origin of the special relativity theory itself» (*Ivi*, p. 132). Sotto questa prospettiva fa forse bene Leopold Infeld a ricordarci, in un'implicita analogia tra l'anno di morte di Galileo e quello della nascita di Newton, che «James Clerk Maxwell morì nel 1879, l'anno in cui nacque Albert Einstein» (L. INFELD, *Albert Einstein*, Torino 1952, p. 22). D'altra parte ci sembra di poter affermare insieme a Evandro Agazzi (Intr. al *Trattato di elettricità e magnetismo* di Maxwell, Torino 1973, p. 61) che: «Del tutto fuori posto ci sembrano quindi quelle interpretazioni della teoria maxwelliana che, con la preoccupazione di

processi fisici reali con una struttura matematica assiomatica e formalizzata usata per la descrizione degli stessi il "daltonismo cognitivo" che ci accingiamo ad analizzare nel lavoro fondamentale di Einstein del 1905: «Ogni sistema di equazioni può comprendere solo una piccolissima parte della situazione fisica effettiva: dietro le equazioni vi è uno *sfondo descrittivo enorme*, tramite il quale esse stabiliscono legami con la natura» (Bridgman, 1927)[35].

1. Relatività, simmetria e unificazione

La memoria celeberrima di Einstein del 1905, *Zur Elektrodynamik bewegter Körper*, prende le mosse proprio dall'apparente irreperibilità a livello sperimentale dell'asimmetria concettuale dell'elettrodinamica di Maxwell: «E' noto che l'elettrodinamica di Maxwell – così come essa è oggi comunemente intesa – conduce, nelle sue applicazioni a corpi in movimento, ad asimmetrie che non sembrano conformi ai fenomeni. Si pensi ad esempio alle interazioni elettrodinamiche tra un magnete e un conduttore. Laddove la concezione usuale contempla due casi nettamente distinti, a seconda di quale dei due corpi sia in movimento, il fenomeno osservabile dipende, in questo caso, solo dal moto relativo del magnete e conduttore». Einstein cercherà dunque, tramite la sua Teoria della Relatività, di "simmetrizzare" ciò che solo apparentemente – a suo dire – sembrava asimmetrico, operazione – quella cioè di trovare nuove simmetrie – non solo attraente per la mente umana ma anche estremamente fertile, se non addirittura vitale, per la scienza. Da qui l'estremo fascino (e

---

liberare il grande scienziato dal neo di aver creduto all'esistenza fisica dell'etere, vorrebbero far credere che questa convinzione, presente come incastellatura provvisoria e di comodo nelle prime memorie, scompaia nel pensiero più maturo dell'autore. Al contrario, come abbiamo cercato di chiarire, tale concezione è assente in *Faraday's lines*, affiora con crescente convinzione in *Physical lines*, campeggia in *Dynamical theory* ed è affermata senza esitazioni nel *Trattato*».

[35]   P.W. BRIDGMAN, *La logica della fisica moderna*, Torino 1965, pp. 83-84.

successo!) che la teoria in questione emana per il matematico che si avvicini ad essa anche solo per un istante[36], da qui anche il sostegno dei matematici nel «conciliare *matematicamente* quei due principi provenienti da teorie opposte, anche se in modo irrimediabilmente controintuitivo, e che fa felici per questo ruolo fondante della matematica i cultori di questa disciplina, che non aspettavano altro che vedere la loro teoria indispensabile per l'enunciazione di qualsiasi concetto fisico» [37] (allontanandosi così dal nucleo contemplativo e iperuranico del *logos*[38]).

Il ruolo fondamentale dei matematici nell'accreditamento della teoria di Einstein viene rilevato ormai da più scienziati e pensatori che, con le parole di Lewis Pyenson, mettono in luce una «Physics in the shadow of Mathematics»[39]. Herbert Dingle pone «la falsa concezione della relazione tra matematica e fisica» come «il più pericoloso» dei «four outstanding errors»[40] da lui trovati: «There is a vitally important distinction between mathematics, which belongs wholly to the realm of pure thought, and physics, which belongs wholly to the realm of experience», nonostante si sia sviluppata nella comunità scientifica la consuetudine «of assuming that a physical theory is necessarily sound if its mathematics is impeccable». Da questo punto di vista acquistano un peso notevole le parole del

---

[36]   Si veda, del presente autore, *Sillogismo di Dingle, "Twin and Clock Paradoxes" e analfabetismo filosofico* per un'analisi di alcune strutture mentali "attrazionali" sui quali la relatività avrebbe fatto perno per arrivare al «mistico entusiasmo, di cui non abbiamo mai avuto esempio nel campo scientifico» (C. SOMIGLIANA, *I fondamenti della relatività*, «Scientia», 1923, 34, p. 2).

[37]   U. BARTOCCI, *Albert Einstein e Olinto De Pretto: la vera storia della formula più famosa del mondo*, Bologna 1999, nota 31.

[38] «Un aneddoto riferisce che Euclide abbia così risposto a chi gli chiedeva a che serve la matematica: chiamò uno schiavo e disse: "Dà a quell'uomo un paio di monete d'oro! Egli studia per trarne profitto!"» (H. MESCHKOWSKI, *Mutamenti nel pensiero matematico*, Torino 1973, p. 16).

[39]   L. PYENSON, *The young Einstein - The advent of relativity*, Bristol and Boston, 1985, p.101.

[40]   H. DINGLE, *op. cit.*, pp. 121-122.

famoso matematico René Thom il quale asserisce che «da una teoria concettualmente mal messa» vengono dedotti «dei risultati numerici che arrivano alla settima cifra decimale» per poi verificare «questa teoria intellettualmente poco soddisfacente cercando l'accordo alla settima cifra decimale con i dati sperimentali! Si ha così un orribile miscuglio tra la scorrettezza dei concetti di base ed una precisione numerica fantastica»[41].

Il concetto di simmetria quindi, alla base dei fondamenti scientifico-filosofici della Teoria della Relatività [42]. Viene qui evidenziato anche l'aggettivo "filosofico" oltre che "scientifico" in quanto il concetto di simmetria è uno dei fondamenti filosofici, e quindi pre-scientifici, sui quali è basata la scienza[43]. Il concetto di

---

[41]   Da *Parabole e catastrofi - Intervista su Matematica Scienza Filosofia*, a cura di G. GIORELLO e S. MARINI, Milano 1980, p. 27.

[42] Il presente autore ricorda una frase illuminante, sotto questo aspetto, in un incontro avuto vent'anni fa con lo scienziato bergamasco Marco Todeschini (a cui il presente lavoro è dedicato, in memoria del centenario della sua nascita: 25/4/1899 - 13/10/1988), autore di una monumentale sintesi cosmica *à la Cartesio*, basata sulla concezione fluidodinamica dell'universo. Todeschini disse di aver fatto conoscere ad Einstein la sua teoria dei vortici fluidodinamici e che questi ne restò affascinato ma che il motivo per cui non la approfondì fu proprio la mancanza di simmetria (in questo caso sferica in quanto il vortice ha un asse di rotazione)! «La simmetria sembra affascinare la mente umana» commenta Feynman (*La legge fisica*, cit., p. 94). Citiamo, a titolo di esempio, Max Born: «Noi abbiamo già fatto notare che dal punto di vista matematico questa è una mancanza di simmetria che viene eliminata dalla teoria della relatività» (MAX BORN, *La sintesi einsteiniana*, Torino 1969, p. 278).

[43] Lo stesso concetto di equazione si baserebbe appunto su quello di simmetria, così che tutto ciò che è, diciamo, "equazionabile" partecipa velatamente a tale principio. Si pensi alle leggi di conservazione nel campo della fisica («In contemporary physics symmetry composes a concept of such fundamental significance that even classical terms such as energy or momentum can in contrast be thought of as derived», così H. BREGER in *Symmetry in leibnizean physics* [in *The Leibniz Renaissance*, international workshop, Firenze, 2-5 giugno 1986], pp. 23-24). D'altra parte, ammette Breger, come è già stato convincentemente dimostrato da Mach, «without knowledge of the empirical data the principles can lead to false conclusions» (*cit.*, pp. 29-30). Si veda *Simmetrie forzate e simmetrie infrante nella Teoria di Einstein* del presente autore per

unificazione è sicuramente in rapporto biunivoco con quello di simmetria. Ciò serve a chiarire come la relatività si presenti come una teoria unificata, contribuendo con ciò ad aumentare la sua carica attrattiva verso le menti matematico-scientifiche [44]. Ciò

---

un approfondimento del concetto di simmetria e di relativi usi impropri.

[44] Al concetto di unificazione si potrebbe dedicare un volume intero, data l'importanza – questa ben accordata – e alcuni aspetti poco meditati. Qui ci preme sottolineare due procedimenti – o metodi, o filosofie – di unificazione opposti, che potremmo definire come *bottom-up* e *top-down* (prendendo i termini in prestito dall'*Intelligenza Artificiale*), e aventi radici che affondano nel terreno della scienza moderna fino a toccarne le origini, essendo legati profondamente al dibattito sull'*azione a contatto* (Cartesio) e l'*azione a distanza* (Newton). *Bottom-up* è quel procedimento che parte dal piccolo per arrivare al grande tramite una catena di meccanismi in connessione causale, e che si avvale – qui è il caso di sottolinearlo – dei caratteri razionali della mente umana (*categorie mentali*), come quelli di "simmetria" e "analogia". L'unificazione in questo caso si esplica attraverso il *meccanismo*, la catena causale, o – per usare le parole di Leibniz – «per mezzo di ragioni meccaniche, cioè mediante figure e mediante movimenti» (*La Monadologie*, § 17), e nella *riduzione* dei fenomeni ad uno solo o a pochi (si veda *La fisica unifenomenica cartesiana e il punto debole dell'IA forte* del presente autore per una prospettiva dimensionata su quest'aspetto). William Thomson (Lord Kelvin) seguendo questa via asseriva di «non ritenere spiegato nessun fenomeno se non ne vedeva chiaramente il meccanismo» e aveva «duramente condannato la scienza del settecento in quanto essa aveva introdotto "il più fantastico dei paradossi, [quello per cui] *il contatto non esiste*"» (ENRICO BELLONE in *Opere di Kelvin*, Torino 1971, p. 33). E' la via dei "Geni Visionari" – volendo usare un termine di M. Todeschini (facendo egli stesso parte di questa corrente) –, di quelli che "spiegano tutto e non calcolano nulla", per citare R. Thom. L'altra, quella dei "Geni Illusionisti" (Todeschini), di quelli cioè che "calcolano tutto e non spiegano nulla" (Thom), è quella della *formula*, della *legge*, dell'*unificazione formale* (a livello cioè di costrutto matematico), di chi tenta di «costruire un edificio a cominciare dall'ultimo piano» (per usare le parole di M. Cantone rivolte ai relativisti in un discorso inaugurale del congresso S.I.P.S. del 1924 dal titolo *I fondamenti odierni della fisica*). Chiamiamo questo tipo di unificazione *top-down*. Tutta la fisica moderna sembra aver intrapreso quest'ultimo sentiero, particolarmente dopo l'entrata in scena della Teoria della Relatività: «L'aspetto esplicativo manca del tutto nel lavoro di Einstein» (P.W. BRIDGMAN, *La logica della fisica moderna*, cit., p.163); «Una lezione filosofica importante da trarre dalla teoria della relatività speciale è che non tutte le spiegazioni scientifiche, per essere accettabili, devono essere in grado di esibire un meccanismo causale» (G. BONIOLO e M. DORATO, *Dalla*

premesso andiamo adesso a vedere più da vicino la veridicità dell'ipotesi di Einstein; di una pretesa simmetria, cioè, alla base dell'elettrodinamica di Maxwell: in altri termini, se è coerente definire quest'ultima una teoria relativistica, come comunemente si fa, visto che «lo stesso Einstein ebbe ad affermare che la teoria della relatività ristretta non è che il prolungamento sistematico dell'elettrodinamica di Maxwell e di Lorentz»[45].

2. L'"anima" (il nucleo) e lo "spirito" (l'ideale) della relatività

La piattaforma ideale su cui appoggiare le nostre riflessioni consiste, direbbe Cartesio nella sua regola quarta (Regulae ad directionem ingenii), nel prendere «le mosse dalle più semplici e facili», senza spingerci oltre, fino a che non ci «sembri che in quelle non rimanga nulla da potersi ulteriormente ricercare»[46]; convinti che i più «spesso si astengono dall'esaminar molte cose [...] poiché stimano che possano esser comprese da altri forniti di maggior intelligenza, abbraccian[d]o il parere di coloro sulla cui autorità maggiormente confidano»[47].

---

relatività galileiana alla relatività generale, in Boniolo [ed.] *Filosofia della fisica*, Milano 1997, p. 78).

[45] F.A. LEVI, *Esplorazione del tempo e dello spazio*, Milano 1981, p. 76.

[46] CARTESIO, *Opere filosofiche*, vol. primo a cura di E. Garin, Roma-Bari 1991, p. 30.

[47] *Ivi*, p. 64. L'attualità di ciò nei confronti della teoria della relatività è allarmante secondo Dingle: «It is the general view that relativity is beyond the understanding of most, but must be accepted because some mathematicians, who alone understand it, have endorsed it» (H. DINGLE, *The case against the special theory of relativity*, in "Nature", January 6, 1968, p. 19). Questa "filosofia del rimando" non risparmia nemmeno i grandi scienziati: «The great majority of physical scientists, including practically all those who conduct experiments in physics and are best known to the world as leaders in science, when pressed to answer allegedly fatal criticism of the theory, confess either that they regard the theory as nonsensical but accept it because the few mathematical specialists in the subject say they should do so, or that they do not pretend to understand the subject at all, but, again, accept the theory as fully established by others and therefore a safe basis for their experiments» (H. DINGLE, *Science*

Ora, nel nostro caso, niente di più essenziale delle interazioni elettrodinamiche tra un magnete e un conduttore (che possiamo visualizzare a forma di spira). Lo stesso Einstein utilizza questo riferimento nel suo già citato lavoro: «Infatti, se si muove il magnete e rimane stazionario il conduttore, si produce, nell'intorno del magnete, un campo elettrico con una ben determinata energia, il quale genera una corrente nei luoghi ove si trovano parti del conduttore. Se viceversa il magnete resta stazionario e si muove il conduttore [...] si osserva, nel conduttore, una forza elettromotrice [... che ...] genera correnti elettriche della stessa intensità di quelle prodotte dalle forze elettriche nel caso precedente, e che hanno lo stesso percorso»[48]; senonché egli arriva alla conclusione «che i fenomeni elettrodinamici, al pari di quelli meccanici, non possiedono proprietà corrispondenti all'idea di quiete assoluta», visto che tutto ciò che ha valenza empirica è «che il moto relativo sia lo stesso nei due casi»[49]. Nasce così la teoria della *relatività*, una formulazione vincente del relativismo di Mach[50] (per quanto

---

at the Crossroads, cit., p. 16).

[48] A. EINSTEIN, *L'elettrodinamica dei corpi in movimento*, in EINSTEIN, *Opere scelte*, a cura di E. Bellone, Torino 1988, p. 148.

[49] *Ibidem.*

[50] Beffardo appare, anche agli occhi di Einstein, il fatto «che Mach abbia rigettato con forza la teoria della relatività ristretta», come spiega egli stesso in una lettera indirizzata a Michele Besso il 6/1/1948 (in *Opere scelte*, cit., p. 690), nonostante che «l'influenza di Mach [...] è stata sicuramente profonda» (*ibidem*); e un anno dopo, nella sua *autobiografia scientifica*, rimarcherà di nuovo che: «il suo libro, quand'ero studente, esercitò una profonda influenza su di me» (EINSTEIN, *Note autobiografiche*, in P.A. SCHILPP *Einstein, scienziato e filosofo*, Torino 1958, p. 12. Anche in EINSTEIN, *Autobiografia scientifica*, Torino 1979, p. 18). Nessuno più di Einstein – per usare le sue stesse parole – avrebbe «succhiato del metodo machiano con il latte materno» (EINSTEIN, *Ernst Mach*, cit. in L.S. FEUER, *Einstein e la sua generazione*, Bologna 1990, p. 75). Ora, il relativismo di Mach, era "totalizzante" ed "epistemicamente vettorializzante": «Addirittura la stessa maniera di percepire il mondo ordinario divenne in Mach influenzato dal relativismo, le sue emozioni rimodellarono il suo modo di percezione. Gli accadeva di fermarsi su un ponte, guardare fissamente l'acqua che scorreva sotto di esso e l'acqua gli sembrava in movimento; ma se

Einstein si sforzerà, negli ultimi anni, di prendere una certa distanza dalla posizione epistemologica di Mach[51], bisogna riconoscere che questo lembo di critica che il primo fa al secondo, riguardo al rigetto dell'atomismo, il secondo poteva farlo al primo, riguardo al rigetto dell'etere: in ambedue i casi si sarebbe trattato – con le parole di Mach – di una «mitologia meccanicistica»[52] spazzata via da una

---

"osserviamo a lungo", "l'acqua ci dà l'impressione di essere diventata immobile", mentre "il ponte con l'osservatore e l'intero ambiente cominciano a muoversi in direzione opposta... Il movimento relativo degli oggetti è in entrambi i casi il medesimo..."» (FEUER, *cit.*, p. 83). «I "miti poetici", ha scritto Mach, sono privi d'importanza per lo scienziato, per il quale "le determinazioni del tempo sono soltanto dichiarazioni abbreviate della dipendenza di un evento da un altro, e niente più"» (*Ivi*, p. 93). «Ciò che Mach aveva cercato di fare con argomenti filosofici, fu assunto semplicemente da Einstein come il punto di partenza empiricamente fondato del principio della velocità costante della luce, accettando poi audacemente il conseguente corollario della relatività dello spazio e del tempo» (*Ivi*, p. 104). Ci sembra quindi più che lecito, avendo in mente quanto appena esposto, parlare – con Selleri – di uno «spirito fondamentale della relatività ristretta» (F. SELLERI, *Il principio di relatività e la natura del tempo*, in "Giornale di fisica", XXXVIII, 2, 1997, p. 71), mentre ci appare pretestuosa e decentrata la tentata "controffensiva" o neutralizzazione di questi ad opera di S. BERGIA e M. VALLERIANI (*Relatività Ristretta: convenzione o nuova concezione del mondo?*, "Giornale di fisica", XXXIX, 4, 1998). Che la teoria di Einstein segua "in spirito" il relativismo di Mach, almeno nei primi anni dell'elaborazione iniziale, è cosa così certa che lo stesso Einstein lo rese manifesto in un tributo dato alla morte di questi, nel 1916: «Mach sarebbe indiscutibilmente arrivato alla teoria della relatività se al tempo in cui la sua mente aveva ancora la freschezza della giovinezza, il problema della velocità della luce avesse già attirato l'attenzione dei fisici» (cit. in Feuer, *op. cit.*, p. 94). P. Frank parla di «stretta connessione ovviamente esistente fra la teoria della relatività di Einstein e la filosofia di Mach» (P. FRANK, *Einstein, Mach e il positivismo logico*, in SCHILPP, *cit.*, p. 220). L'intera opera di Einstein, sia cioè la relatività speciale che quella generale, è vettorializzata dallo "spirito machiano" o – con le parole di Barbour – «give expression to Mach's ideas»: «Einstein worked with feverish enthusiasm to discover the mysterious law of nature that Mach had postulated» (J.B. BARBOUR, *Absolute or Relative Motion?*, vol. 1, Cambridge 1989, p. 3). Un approfondimento di ciò si trova nel già citato *Sillogismo di Dingle*...

[51] Cfr. EINSTEIN, *Note autobiografiche*, op. cit., p.12.

[52] E. MACH, *Erkenntnis und Irrtum*, citato in FEUER, *op. cit.*, p. 88.

metodologia operazionistica, da «pure determinazioni del sapere empirico»[53]).

E' opportuno sottolineare qui che «the theory is wholly kinematical, electromagnetism having nothing to do with it. It does introduce light, but only as something having a velocity; the *nature* of light does not enter the theory at all. The connection with electromagnetism is simply that it was the desire to justify the Maxwell-Lorentz theory (i.e. its equations), that led Einstein to choose the particular definition of distant times (instants) that he did choose. That is why his theory was able (supposing it to be tenable) to reconcile kinematics with electromagnetism and make the Maxwell-Lorentz theory, in Einstein's words, a "plausible" theory. But the theory itself is wholly kinematical, and stands or falls by kinematical considerations alone»[54]. Ciò significa in ultima analisi che i parametri *intervallo* (temporale, spaziale, o spazio-temporale) ed *evento* completano gli "input" fondamentali della teoria. Infatti, essendosi fatto guidare dal *principio di ragion sufficiente*[55] e, in particolare, da quello di simmetria[56], Einstein, come vedremo più avanti, svuotò il campo dalla identificabilità geometrica dei suoi punti, fino ad arrivare a quella che potremmo definire una "web-metrics" (nel senso di pura "distanzialità") avente la posizione dei corpi solo relativa ai corpi stessi. In altri termini, per

---

[53] E. CASSIRER, *Zur Einstein'schen Relativitätstheorie*, 1920, tr. it. *Teoria della relatività di Einstein*, Roma 1997, p. 108; v. anche *Sulla teoria della relatività di Einstein*, Firenze 1973, p. 540. Interessante ai nostri fini l'intera frase: «Con "propria realtà fisica" del campo elettromagnetico non bisogna intendere altro che la realtà delle relazioni legali in esso valide, che si enunciano nelle equazioni maxwell-hertziane. Queste relazioni sono poste come l'ultima realtà raggiungibile, [...]. La rappresentazione dell'etere come sostanza non esperibile è eliminata dalla teoria della relatività, proprio per esprimere concettualmente solo le pure determinazioni del sapere empirico».

[54] DINGLE, *Science...*, op. cit., p. 159.

[55] Uno "smascheramento" di questo aspetto si trova nella nostra analisi *Einstein e il principio di ragion sufficiente*.

[56] Si veda, del presente autore, *Simmetrie forzate e simmetrie infrante...*, op. cit.

quanto strano possa apparire, fu proprio con la relatività ristretta che Einstein tentò di raggiungere la "cristallinità" del *principio di Mach*[57]. Sembrerà azzardato, ma la realtà fisica del campo – alla luce di considerazioni così elementari quanto profonde – non viene rilevata dalla teoria di Einstein se non in modo contraddittorio. Il lettore è invitato a questo punto a trattenere le prevedibili obiezioni

---

[57] Un ristretto numero di scienziati sembra aver preso coscienza sul cambiamento di rotta che il pensiero di Einstein avrebbe subito nel passaggio dalla *prima* (relatività ristretta) alla *seconda fase* (relatività generale). Quest'ultima segue due direzioni in qualche modo contrarie: la prima è nello "spirito", nel tentativo cioè di relativizzare ciò che appariva assoluto nella *prima fase*, in piena armonia col pensiero di Mach, come abbiamo già avuto modo di vedere. La seconda direzione è nel metodo, che per quanto potrà sembrar strano è celatamente "anti-machiano" o – usando la terminologia di Bridgman – «preeinsteiniano». L'«accusa» che quest'ultimo muove ad Einstein è ben formulata alla fine del suo lavoro *Le teorie di Einstein e il punto di vista operativo* (in SCHILPP, *op. cit.*, p. 301): «Con la sua convinzione che sia possibile liberarsi da qualsiasi sistema particolare di coordinate, con la sua convinzione che sia utile farlo, e col suo modo di trattare l'evento come qualcosa di primitivo e non analizzato, egli ha introdotto nella teoria della relatività generale precisamente quel punto di vista non critico, preeinsteiniano, che, come egli stesso ci ha dimostrato in modo così convincente nella sua teoria particolare, nasconde la possibilità di un disastro». Per quanto strano possa sembrare c'è dunque una parte rilevante della relatività generale che – contrariamente alla *prima fase* – si oppone al relativismo di Mach. Promesse – o, meglio, "premesse" – non mantenute da parte di Einstein, dunque. Lo stesso concetto di campo – nella *prima fase*, come vedremo, completamente bistrattato – viene messo in risalto in questa fase successiva: «La natura ci fornisce ... un unico sistema di riferimento, cioè un sistema fisso rispetto all'universo stellare, come fu osservato da Mach. Einstein, però, nega che questo sistema abbia un significato, perché attribuirgli un significato sarebbe in contraddizione con la teoria del "campo". Secondo la teoria del campo, gli avvenimenti locali debbono potersi connettere in modo significativo, non con avvenimenti lontani, ma con avvenimenti o situazioni esistenti nelle immediate vicinanze il cui aggregato costituisce il "campo"» (BRIDGMAN, *Le teorie di Einstein...*, op. cit., p. 298). Appaiono parzialmente giustificati, quindi, i tentativi di Wheeler e di altri di riferirsi «alla seconda teoria come alla "teoria einsteiniana della gravitazione"» (S. BERGIA - M. VALLERIANI, *Op. cit.*, p. 17), scaricando il carattere relativistico-machiano di questa; a patto di riconoscere però il nocciolo contraddittorio scaturente dall'insieme delle due teorie.

(delle quali la prima che viene alla mente è quella di considerare che le stesse equazioni di Maxwell – e quindi del campo elettromagnetico – rientrano per diritto acquisito all'interno della teoria della relatività) fino alla fine della nostra argomentazione: cercheremo infatti di dimostrare quanto abbiamo appena affermato.

3. Perché nella relatività l'etere scompare?

Il punto cruciale può essere visualizzato con una domanda: perché «nella teoria che Einstein sta costruendo non c'è posto per l'etere»?[58] Naturalmente la risposta più scontata è quella stessa di Einstein che diede nel suo lavoro fondamentale del 1905 (che converrà tenere in mente per quanto diremo in seguito): «L'introduzione di un "etere luminifero" si manifesterà superflua, tanto più che la concezione che qui illustreremo non avrà bisogno di uno "spazio assolutamente stazionario" corredato di particolari proprietà, né di un vettore velocità assegnato a un punto dello spazio vuoto nel quale abbiano luogo processi elettromagnetici». Questa chiaramente discende dalla norma, fortemente attiva nella scienza, di attenersi al dettame di Occam: «entia non sunt

---

[58] S. BERGIA, *Einstein e la relatività*, Roma-Bari 1980, p. 95. Con le parole di Einstein: «Fra i principali risultati della teoria della relatività indichiamo qui i due che devono interessare anche gli inesperti. Il primo consiste nel fatto che l'ipotesi dell'esistenza di un mezzo, che riempie lo spazio e serve alla propagazione della luce, deve cadere.» (EINSTEIN [1914], cit. in L. KOSTRO, *Einstein e l'etere*, Bologna 1988, p. 2). L'indagine di Ludwik Kostro rivela che in una serie di articoli scritti dallo stesso Einstein – in numero proporzionale alla sua maturità (il più famoso dei quali è quello ricordato da Wolfgang Pauli nel suo famoso lavoro *Relativitätstheorie* del 1921, *Aether und Relativitätstheorie*, Berlino 1920) – l'idea dell'etere riaffiora in tentativi (per noi contraddittori) di formulazioni vaghe e non sostanziali, manifestando però così un curioso parallelismo col comportamento di Newton il quale, al contrario di quanto fatto intendere nei *Pricipia*, farà emergere più tardi nelle nuove *Quaestiones* aggiunte alle ultime edizioni della sua *Opticks* una forma, anche se pur timida, di conversione alla teoria dell'etere. Cfr. I. NEWTON, *Scritti di Ottica*, a cura di A. Pala, Torino 1978, in particolare p. 295 e la sezione intitolata "Libro terzo dell'ottica" (pp. 537 sgg.).

multiplicanda praeter necessitatem». Chiameremo quindi per semplicità la risposta di Einstein *posizione occamista*.

Una ulteriore precisazione, sottile ma importante, si trova nella prefazione all'edizione italiana della «chiara», «sistematica» e «completa» – per usare le parole di Einstein – esposizione della *Teoria della Relatività* di Wolfgang Pauli: «Al concetto di stato di moto dell'"etere luminifero" si dovette rinunciare, non solo perché non corrispondente a qualche cosa di osservabile, ma perché diventato superfluo come elemento del formalismo matematico, le proprietà gruppali del quale ne sarebbero solo risultate oscurate»[59]. Vediamo qui un chiaro rimando al «*mastery*, instead of the *servitude*, of mathematics in relation to physics» per usare un concetto bene espresso da Dingle (*cfr.* nota 2). Chi meglio di Pauli potrebbe incarnare quella che potremmo definire *posizione formalista*?[60]

Un terzo tipo di risposta è quella, infine, che potremmo etichettare come *posizione antimeccanicista*. Con le parole di Silvio Bergia: «Una via d'uscita dalla situazione di crisi si poteva trovare solo rinunciando a ogni tentativo di riformulare un modello, più o meno meccanico della realtà naturale»[61]. Questo «processo di

---

[59] W. PAULI, *Teoria della Relatività*, Torino 1974, pp. X-XI.

[60] G. GAMOW (*Trent'anni che sconvolsero la fisica*, Bologna 1966, p. 69) ci racconta a questo riguardo la divertente storia della nascita del cosiddetto "Effetto Pauli": «E' noto che i fisici teorici non sanno maneggiare le apparecchiature sperimentali: appena le toccano queste vanno in pezzi. Pauli era un fisico teorico talmente bravo che, di solito, appena lui varcava semplicemente la soglia di un laboratorio si rompeva qualcosa. Una volta, nel laboratorio del Professor Franck, a Gottinga, accadde un fatto misterioso che a prima vista non sembrava connesso con la presenza di Pauli. Nel primo pomeriggio, senza causa apparente, un complicato apparecchio per lo studio dei fenomeni atomici si sfasciò. Franck ne scrisse divertito a Pauli, al suo indirizzo di Zurigo e, dopo qualche tempo, ricevette la risposta in una busta con francobollo danese. Pauli scriveva che era andato a trovare Bohr e che nel momento dell'incidente nel laboratorio di Franck il suo treno faceva una sosta di pochi minuti nella stazione di Gottinga. Potrete credere o no a questa storia, ma vi sono molte altre osservazioni che confermano la realtà dell'Effetto Pauli».

[61] S. BERGIA, *Einstein e la relatività*, Bari 1980, p. 73.

"svuotamento" della concezione meccanicistica»[62] rappresenta in pieno quel tipo di unificazione che abbiamo chiamato *top-down* (*cfr.* nota 12): è indubitabile che – come dice Whitehead – «la teoria della relatività, sotto una forma o sotto un'altra, sembra il mezzo più semplice per spiegare un gran numero di fatti che senza di ciò richiederebbero ciascuno una spiegazione particolare»[63], nondimeno però, essendo una teoria assiomatica, – parafrasando Bridgman – sembra uscita dal «cappello del prestigiatore Einstein»[64], assumendo le sembianze di teoria flogistica o, ancor meglio – se vogliamo evitare il termine "esoterica" – i contorni di una nuova *tetraktys* pitagorica[65].

E' evidente che quest'ultima *posizione* differisce solo di grado rispetto a quella precedente (la similitudine delle due *posizioni* è evidente, tant'è che potremmo chiamare l'una *posizione formalista debole* e l'altra *formalista forte*; per brevità, quindi, useremo per il resto di questo nostro lavoro il termine *posizione formalista*, indicando con ciò il carattere assiomatico che hanno in comune: l'indipendenza, in altri termini, sia nei confronti di un "meccanismo" sottostante – o supporto cui inerire – sia nei confronti delle categorie concettuali generanti tali posizioni). La *posizione formalista*, d'altronde, ingloba all'interno la *posizione occamista*.

Bisogna dunque convenire sulla seguente risposta relativa alla domanda iniziale: è il carattere superfluo dell'etere, insieme alla repellenza e dissonanza di tipo estetico-filosofico che una

---

[62] *Ivi*, p. 69.

[63] A.N. WHITEHEAD, *La scienza e il mondo moderno*, Milano 1945, p. 141.

[64] BRIDGMAN, *op. cit.*, p. 169.

[65] «Costoro [i Pitagorici] sembrano ritenere che il numero sia principio non solo come costitutivo materiale degli esseri, ma anche come costitutivo delle proprietà e degli stati dei medesimi» (ARISTOTELE, *Metaph.*, I, 5, 986 a 16). «A molte persone, descrivere in termini matematici una struttura sintattica o delle relazioni di parentela sembra già una "spiegazione" sufficiente» (J.P. CHANGEUX - A. CONNES, *Pensiero e materia*, Torino 1991, p. 12).

contaminazione eterica dello spazio apporterebbe alla struttura epistemico-portante (di tipo "machiano") della relatività, che spinge "occamicamente" alla sua soppressione. Ciò viene fuori in modo più o meno esplicito nella grande massa della letteratura, divulgativa e non, sul tema "relatività". Esplicita, da questo punto di vista, è la formulazione di Eddington del *principio di relatività di Einstein*: «Nella forma seguente, la generalizzazione dei risultati ottenuti costituisce il principio della relatività ristretta: *E' impossibile con qualsiasi esperimento osservare il moto uniforme relativo all'etere*»[66]. Ciò ricorda da vicino quello che Whittaker ha definito come *"postulate of impotence"*: «A postulate of impotence, is not the direct resul of an experiment, or of any finite number of experiments; it does not mention any measurement, or any numerical relation or analytical equation; it is the assertion of a conviction, that all attempts to do a certain thing, however made, are bound to fail»[67]. Dunque la *posizione occamista* (e conseguentemente, per quanto abbiamo detto, anche la *posizione formalista*) è un chiaro esempio del «postulate of impotence» di Whittaker. Ciò implica una posizione simile allo status della seconda legge della termodinamica: nell'intero campo della fisica non è mai stata sperimentata una sua violazione, ma la registrazione anche di una sola sarebbe fatale. Da qui le radici dell'epistemologia di Popper e del suo *falsificazionismo*[68].

---

[66] A.S. EDDINGTON, *Spazio, tempo e gravitazione*, Torino 1971, p. 36.

[67] E.T. WHITTAKER, *From Euclid to Eddington*, Cambridge 1949, p. 59.

[68] Una smentita dell'opinione comune che "se Popper segue Einstein allora quest'ultimo è il primo popperiano" viene dalle opere di Gerald Holton, dove viene smascherato il credo epistemologico di Einstein. Se è vero – dice Holton – che «Karl Popper, nella sua *Autobiography*, ha sottolineato che il proprio criterio di falsificazione dovette molto, per quanto concerne le sue origini, a quello che, a suo parere, fu l'esempio proposto da Einstein, e cita proprio questa precisa frase ["Se lo spostamento verso il rosso delle linee spettrali per mezzo del potenziale gravitazionale non esistesse, allora la teoria generale della relatività non sarebbe sostenibile"], che egli afferma di aver letto, quando era ancora, ragazzo, riportandone una grande impressione» (G. HOLTON, *Einstein e*

Ma qual è l'origine epistemologica della pretesa indiscernibilità sperimentale tra la teoria di Lorentz e quella di Einstein se dal punto di vista concettuale queste sono «two quite different theories»[69]?

4. Due teorie *indiscernibili* od *opposte*?

«Nella nuova teoria [di Lorentz], conformemente ai risultati sperimentali, vale un principio di relatività riferito all'elettrodinamica, secondo cui un osservatore percepisce lo stesso fenomeno indipendentemente dal fatto che il suo sistema sia a riposo nell'etere o si muova di moto rettilineo e uniforme. Egli non ha alcun modo di distinguere fra un sistema e l'altro, poiché, anche nel caso di corpi che si muovano nell'universo indipendentemente dall'osservatore, non è possibile riconoscere il moto assoluto rispetto all'etere, ma soltanto il moto relativo. Così due osservatori in moto relativo fra loro, possono a ugual diritto asserire di essere a riposo nell'etere, senza che vi sia alcuna possibilità, né da un punto di vista sperimentale, né da un punto di vista teorico, di decidere quale dei due abbia ragione»[70]. Così si esprime Max Born riguardo al «postulate of impotence» – come direbbe Whittaker – della teoria di

---

la cultura scientifica del XX secolo, Bologna 1991, p. 19), è anche vero che «quanti di noi hanno apprezzato l'opera di Karl Popper» – continua Holton – «possono solo essere grati del fatto che si sia imbattuto [giusto] in quella frase dello scritto di Einstein del 1920» (*ibidem*). Infatti «nelle precedenti edizioni del 1917, 1918 e 1919 dell'opera, le conclusioni di Einstein erano state molto diverse. [...] Nella frase con cui si chiudeva la prima delle 15 edizioni dell'opera [Einstein concludeva]: "Non dubito affatto che anche queste conseguenze della teoria possano un giorno trovare conferma"» (*ivi*, pp. 19-20). Insomma – così come esce dai lavori di Holton – Einstein avrebbe camuffato con un popperiano falsificazionismo "empirista" il suo vero nucleo "razionalista", quell'«Io non dubito affatto...», analogamente a Newton che per la stessa ragione, sentendosi sicuro della sua teoria, non ha «sentito il bisogno di verificare se la sua predizione potesse "rispondere" più che "abbastanza bene"» (S. CHANDRASEKHAR, *Verità e bellezza. Le ragioni dell'estetica nella scienza*, Milano 1990, pp. 75-76).

[69] DINGLE, *Op. cit.*, p. 167.

[70] MAX BORN, *La sintesi einsteiniana*, Torino 1969, p. 267.

Lorentz. Lo stesso Lorentz creò la sua teoria per spiegare l'assenza di effetti del moto rispetto all'etere così come risultava dalle famose esperienze di Michelson e Morley e da tutti gli altri esperimenti ottici ed elettrodinamici del tempo. La teoria di Lorentz nasce dunque dall'esigenza di spiegare l'*assenza* di certi effetti[71]. Pur tuttavia, il suo fiuto da fisico, la sua «conoscenza tacita» – per usare un termine felice di Michael Polanyi[72] – pur accettando l'indiscernibilità sul piano cinetico-sperimentale, mai la concesse per il piano semantico-filosofico. Coabita dunque una sorta di dualismo epistemologico nel pensiero di Lorentz, certamente non privo di tensione, il quale spiegherebbe la sua riluttanza ad un abbandono definitivo del concetto di etere: «Tuttavia Lorentz si dimostrò così legato all'ipotesi di un etere a riposo, da non comprendere il significato fisico dell'equivalenza fra tutti i sistemi di riferimento considerati; egli continuò a credere che uno di essi dovesse identificarsi con l'etere a riposo. Un passo avanti fu invece compiuto da Poincaré, che comprese chiaramente come fosse insostenibile il punto di vista di Lorentz e come l'equivalenza matematica di vari sistemi di riferimento dovesse portare alla formulazione di un principio di relatività»[73]. Così, su un tale *humus epistemico*, si innesta

---

[71] «Queste ipotesi [di Lorentz] ... erano scelte in modo da eliminare qualsiasi effetto del 2° ordine, in quanto ogni apparato progettato per rivelare il moto della Terra rispetto all'etere sarebbe stato alterato dal moto *esattamente in modo da annullare qualsiasi effetto misurabile*» (G. RIZZI, *Dalla cinematica classica a quella relativistica: nascita di un paradigma*, pp. 11-12, relaz. del conv. *Nuove risposte ai problemi della relatività*, Cesena 15 febbraio 1999).

[72] *Cfr.* M. POLANYI, *La conoscenza personale. Verso una filosofia post-critica*, Milano 1990.

[73] MAX BORN, *op. cit.*, p. 269. Poincaré, evidenziando «che è impossibile misurare movimenti assoluti» (U. SANZO, in J.H. POINCARÉ, *Scritti di fisica-matematica*, Torino 1993, p. 30), fu il primo a parlare di «postulato di relatività», e – aggiungiamo noi – come un chiaro esempio del «postulate of impotence» di Whittaker. Già nel 1895 (*A propos de la Théorie de M. Larmor*) scriveva: «L'esperienza ha rivelato una quantità di fatti che possono riassumersi nella seguente formula: è impossibile rendere manifesto il movimento assoluto della materia, o meglio il movimento relativo della materia ponderabile rispetto

lo storico "salto" di Einstein: «Nulla è rimasto di tutte le proprietà dell'etere, eccetto quella per la quale esso venne inventato, ovvero la facoltà di trasmettere le onde elettromagnetiche. E poiché i nostri tentativi per scoprirne le proprietà non hanno fatto che creare difficoltà e contraddizioni, sembra giunto il momento di dimenticare l'etere e di non pronunciarne più il nome. Diremo dunque che il nostro spazio possiede la facoltà fisica di trasmettere talune onde, e cesseremo di usare una parola ormai inutile»[74].

Dunque non esisterebbe incompatibilità fisica fra la teoria di Lorentz e quella di Einstein: questa è la convinzione dei cervelli che riempiono il secolo che ci separa dalle due teorie. E ciò tanto più – ed è questo il pensiero inconscio del relativista – in quanto la prima *è nata per eliminare* i "potenziali effetti", la seconda *nasce dall'assenza* di questi stessi. Né l'esperimento Michelson-Morley, né qualunque sua variante *et similia*, potrebbe quindi mai riuscire a evidenziare differenze fisiche tra le due teorie. Nessun *falsificatore potenziale* di Popper (suo malgrado). «Non resta che rassegnarsi alla seguente conclusione: l'esperienza di Michelson-Morley, in tutte le sue possibili varianti, non supporta ma nemmeno esclude la spiegazione

---

all'etere» (*Scritti di fisica-matematica*, op. cit., p. 321). Ci piace puntualizzare, in questo contesto, che la frase di Born appena citata non rende giustizia alla reale "ottica epistemologica" di Poincaré. Questi, infatti, era molto più vicino a Lorentz che ad Einstein, anche se quest'ultimo, secondo l'opinione di qualche esperto (come L. Galgani o A.A. Tyapkin), aveva «repeated literally in 1905» (TYAPKIN, *On the History of the Special Relativity Concept*, in F. SELLERI [ed.], *Open Questions in Relativistic Physics*, Montreal 1988, p. 164) nient'altro che le idee di Poincaré (si veda, ad esempio, A.A. TYAPKIN, *Relatività speciale*, Milano 1993). Quello che di solito viene rimproverato a Poincaré – di non essere riuscito cioè a "sganciarsi" dal concetto di *etere*, al contrario di Einstein (il quale invece viene esaltato per questo più che per ogni altra cosa), nonostante avesse avuto tempo, capacità e il suggerimento dello stesso Einstein – manifesta agli occhi di chi scrive la grandezza dell'indomabile intuito del grande matematico francese e il valore epistemico-semantico e fondante irrinunciabile di tale concetto. Questo nostro lavoro vorrebbe proprio dare un contributo in questa direzione.

[74] A. EINSTEIN - L. INFELD, *L'evoluzione della fisica*, Torino 1965, pp. 184-185.

di Lorentz. La scelta tra Einstein e Lorentz va dunque fatta sulla base di altri criteri, e precisamente sulla base di considerazioni relative alla consistenza, semplicità e fecondità dell'intera teoria»[75].

Questa *mancata discriminazione* delle due teorie ha portato spesso a un grossolano e confuso "impasto" delle stesse [76], catalizzando però il successo definitivo della vincitrice. In effetti, fino alle osservazioni dell'eclisse del 1919, le quali lanciarono la fama di Einstein oltre ogni confine, col termine "teoria della relatività" veniva indicata la teoria di Lorentz: quella di Einstein, anche se ben conosciuta, «was regarded merely as a more obscure form of a theory that belonged to Lorentz»[77]. Per dare un'idea, scienziati come Lodge nel 1909 o come Poincaré nel 1912 parlavano e scrivevano come del «principe de relativité de Lorentz»[78]. Se col singolo termine "relatività" noi oggi intendiamo riferirci alla teoria di Einstein, nei 15 anni che succedettero al 1904, lo stesso termine veniva inteso con riferimento alla teoria di Lorentz. La stessa espressione "trasformazione di Lorentz", che tuttora è usata per denotare la parte matematica della teoria di Einstein, ci ricorda Dingle, «is a relic of that identification»[79]. Seguendo l'epistemologia di Hertz – «la teoria di Maxwell è il sistema delle equazioni di Maxwell» – scienziati ed esperti di relatività hanno confuso, da allora fino ai nostri giorni, le due teorie: professando l'idea base di Whittaker[80] nella sua celebre *History of the Theories of Aether and*

---

⁷⁵ G. Rizzi, *op. cit.*, p. 12.

⁷⁶ «... they did result in the same mathematical equations – those of the Lorentz trasformation – and this fact, together with their common name, "relativity", goes a long way towards accounting for their subsequent confusion with one another» (Dingle, *Op. cit.*, pp. 166-167).

⁷⁷ Dingle, *Op. cit.*, p. 167.

⁷⁸ H. Poincare, *Dernières Pensées*, Flammarion 1924, p. 217 (cit in Dingle, *Op. cit.*, p. 168).

⁷⁹ Dingle, *Op. cit.*, p. 167.

⁸⁰ «As a pure mathematician he [Whittaker] was naturally predisposed to label a theory by its mathematical rather than its physical content, and since that was the same for both theories, he credited it to the author of the earlier paper.»

Electricity, hanno trovato nella *posizione occamista* la sola ragione (insieme a quella "estetico-formalista") per far pendere l'ago della bilancia a favore di Einstein. Ma così facendo hanno seguito Whittaker anche nel «mistake of identifying two quite different theories»[81].

E' nostra basilare convinzione che le differenze tra le due teorie non sono soltanto estetiche o concettuali, ma anche fisiche e sperimentali. In altre parole, le due teorie non sono compatibili ma discriminabili empiricamente. Anzi, sono addirittura opposte: infatti, a rigore, la teoria di Lorentz, al contrario di quella di Einstein, non sarebbe neppure corretto definirla "teoria della relatività"[82]. A livello concettuale, la prima, «it was a *physical* theory, not a *mathematical* one; that is to say, the proposal was that motion through the ether produced physical effects on bodies, and the mathematics expressed the physical results produced»[83]. Con Lorentz ancora la fisica «still had de jure authority over mathematics», fu Einstein a rovesciare questo rapporto[84].

Ma la cosa più sorprendente è la forzata neutralizzazione della potenziale discriminazione empirica. Infatti, nonostante l'origine e il programma della teoria di Lorentz, non è mai stata provata la

---

(*Ibidem*).

[81] *Ibidem.*

[82] «Stricly speaking, the name "relativity theory" should be applied only to a theory that regards motion as a purely relative phenomenon – i.e. a theory that, like Einstein's, allows no ether. Lorentz's theory demanded an ether» (*Ivi*, p. 166).

[83] *Ivi*, p. 165.

[84] «Like Maxwell, who realised the necessity, if he was to satisfy his mathematical desires, of postulating a "displacement current" to justify them, so Lorentz, in order to justify his transformation equations, saw the necessity of postulating a physical effect of interaction between moving matter and ether, to give the mathematics meaning. Physics still had de jure authority over mathematics: it was Einstein, who had no qualms about abolishing the ether and still retaining light waves whose properties were expressed by formulae that were meaningless without it, who was the first to discard physics altogether and propose a wholly mathematical theory» (*Ivi*, pp. 165-166).

indiscriminabilità né teorica né sperimentale tra le due teorie. Da dove nasce, allora, questo "credo sull'indiscernibilità"? La nostra tesi è che si sia appoggiato sulle "acque" di un'epistemologia ancora in auge, figlia di quel newtoniano «hypotheses non fingo», la cui «prima vittima fu il mezzo che doveva servire alla propagazione delle onde luminose» [85]. Esiste, in un certo grado, una sorta di parallelismo fra Newton e Maxwell: quell'*epoché*, quella sospensione newtoniana dall'indicare un preciso meccanismo sottostante – in quanto ne sarebbero stati possibili molteplici equivalenti[86] – pur covando loro interiormente la contraria certezza, la ritroviamo, anche se attenuata, in Maxwell: «Finora non abbiamo asserito nulla rispetto al modo in cui questo stato di sforzo si origina e si mantiene nel mezzo. Abbiamo solo mostrato che è possibile concepire l'azione reciproca delle correnti elettriche come dipendente da un particolare tipo di sforzo nel mezzo circostante, invece che essere un'azione a distanza diretta e immediata. *Ogni ulteriore spiegazione dello stato di sforzo, tramite il movimento del mezzo o altrimenti, si deve considerare come una parte separata e indipendente della teoria, che può reggersi o cadere senza influenzare la nostra posizione presente*»[87]. Si può andare addirittura oltre con questo parallelismo: ciò che Maxwell rimproverò all'epistemologia di Roger Cotes, curatore dei *Principia* di Newton e così anticartesiano da aver scavalcato l'*epoché* newtoniana asserendo «che l'azione a distanza è una delle principali proprietà della materia e che nessuna spiegazione può essere più

---

[85] A. EINSTEIN - L. INFELD, *Op. cit.*, p. 207.

[86] «Il termine attrazione ha spaventato le menti; molti hanno temuto di veder rinascere in filosofia la dottrina delle qualità occulte. Ma dobbiamo rendere giustizia a Newton, che non ha mai considerato l'attrazione come una spiegazione della gravità reciproca dei corpi: anzi, ha spesso avvertito che usava questo termine soltanto per evitare i sistemi e le spiegazioni» (MAUPERTUIS, *Discours sur les différentes figures des astres*, in *Oeuvres*, nouv. éd., 4 voll., Lyon 1756, vol. I, p. 92 [cit. in P. CASINI, *Newton e la coscienza europea*, Bologna 1983, p. 70]).

[87] MAXWELL, *Trattato*, op. cit., § 645.

chiara di questo fatto»[88], lo stesso Maxwell lo subì successivamente in qualche modo da parte di Hertz: «la sua rigorosa distinzione tra il formalismo dell'elettromagnetismo e la rappresentazione di un modello meccanico stimolarono lo sviluppo dell'idea che il campo elettromagnetico fosse privo di proprietà meccaniche»[89].

Il frutto della "sospensione", dunque, l'abbiamo pagato a caro prezzo, avendo trasmutato *l'indeterminazione gnoseologica* in *certezza epistemica*: il «dogma di Cotes» (nei confronti di Newton) – per usare le parole di Maxwell – ha portato al "dogma di Hertz" (nei confronti di Maxwell), così via fino a quello che potremmo definire "dogma di Einstein" (nei confronti di Lorentz). Ed ecco apparire la *posizione formalista*: una cristallizzazione della *formula* nei confronti del *meccanismo nascosto*[90]. «Con ciò si sarebbe prodotto nella fisica un mutamento profondo: [...] si sarebbe ... aperta una nuova disponibilità ad accettare, se necessario, altri "campi" in seno alla fisica, senza più avvertire il bisogno di legarli a un mezzo materiale o di "spiegare" le loro proprietà con modelli meccanici»[91].

---

[88] *Ivi*, § 865.

[89] P.H. HARMAN, *Energia, forza e materia*, Bologna 1984, p. 186.

[90] «Ma se le cose stanno così, significa proprio che il campo elettromagnetico, in quanto specificatamente elettromagnetico, è già sufficientemente e adeguatamente caratterizzato dalle sue equazioni, mentre il bisogno di riferirsi a un "mezzo" che lo materializzi e, ancor più, l'opinione che questo mezzo debba essere di tipo meccanico, esprimono unicamente una circostanza storica, ossia il fatto che anche Maxwell era figlio del suo tempo e aveva bisogno di un riferimento meccanico per riuscire a "pensare" fisicamente. Col passare del tempo, questo condizionamento storico si sarebbe gradatamente attenuato, e gli scienziati non avrebbero avvertito maggiori difficoltà di concettualizzazione nel pensare che in un punto dello spazio esiste un campo elettrico o magnetico dotato di una certa intensità e direzione, di quanto ne provino nel pensare che in quel punto c'è un corpuscolo materiale dotato di una certa velocità e soggetto a una certa forza. A questo punto, il "mezzo" sarebbe apparso il campo stesso, la cui realtà fisica non avrebbe più avuto bisogno di essere garantita da una specie di supporto cui inerire» (AGAZZI, *cit.*, p. 69).

[91] *Ivi*, p. 70.

134

Quello che per Maxwell era «Il problema di determinare il meccanismo richiesto per stabilire un dato tipo di connessione tra i movimenti delle parti di un sistema»[92], ammettendo «sempre un numero infinito di soluzioni»[93], diventa un programma di ricerca epistemologica per Poincaré, «il quale ha mostrato che non solo è sempre possibile trovare una spiegazione meccanica di qualunque fenomeno fisico (il programma di Hertz era perfettamente legittimo) ma vi è sempre un numero infinito di tali spiegazioni»[94].

Ora, a dispetto di questa "epistemologia delle infinite teorie equivalenti", vorremmo richiamare qui invece, con questo nostro lavoro, una possibile discriminabilità teorica e sperimentale tra la teoria di Lorentz e quella di Einstein. Converrà a tal proposito approfondire, prima di ogni altra cosa, l'origine e la struttura semantica del concetto di campo.

5. Maxwell, l'etere e il concetto di campo

«Si è soliti attribuire la legittima ascendenza proprio a Maxwell, ossia l'idea di *campo*. [...] Ma che significato aveva scegliere, per così dire, di trattare un settore della fisica mediante una teoria di campo? La risposta è interessante: tale scelta comportava l'ammissione che, in quel settore della realtà fisica, si fosse in presenza di azioni

---

[92] MAXWELL, *Trattato...*, op. cit., § 831.

[93] *Ibidem.*

[94] BRIDGMAN, *La logica della fisica moderna*, p. 71. Ciò veniva chiarito nella sua opera più famosa, *Science et Hypothése*; ma già ancor prima del 1903, in un lavoro del 1899 (*La Théorie de Maxwell et les Oscillations hertiennes*) scriveva: «Si può senza dubbio arrivare a inventare un meccanismo che offra un'interpretazione più o meno perfetta dei fenomeni elettrostatici ed elettrodinamici. Ma, se è possibile immaginarne uno, sarà ugualmente possibile immaginarne un'infinità di altri» (J.H. POINCARÉ, *Scritti di fisica-matematica*, Torino 1993, p. 175). Solovine ci racconta (Einstein, *Lettres a Maurice Solovine*) come le idee di Poincaré fossero tutt'altro che marginali per il giovane Einstein: «Leggevamo insieme l'*Analisi delle sensazioni* di Pearson e la *Meccanica* di Mach, che Einstein aveva già letto da cima a fondo, [...] *Scienza e ipotesi* di Poincaré, un libro che destò in noi una profonda impressione e ci tenne senza fiato per molte settimane» (cit. in FEUER, *Op. cit.*, p. 161).

attraverso un mezzo»[95]. Così Agazzi sottolinea un particolare di capitale importanza per la comprensione del concetto di campo, ma che oggi sembra essere svanito insieme al concetto di etere: *la presenza indispensabile di un mezzo*. La nostra argomentazione punterà proprio sulla necessità teorica di tale ente e, ancor più importante, sulla sua possibile "rivelabilità" sperimentale, il linea con quanto affermato precedentemente.

Abbiamo visto prima le difficoltà di Maxwell di trovare un "retroscena" dinamico adeguato al suo sistema di equazioni. Contrariamente all'opinione comune, egli non sceglie un formalismo matematico per ragioni estetico-paradigmatiche, ma accetta invece soltanto una resa temporanea[96], come ci fa capire nel suo *Trattato*: «Deve essere tenuto ben presente che abbiamo fatto solamente un passo nella teoria dell'azione del mezzo. Abbiamo supposto che esso si trovi in uno stato di sforzo, ma non abbiamo in alcun modo dato spiegazione di questo sforzo o di come esso venga mantenuto ... Non sono stato capace di compiere il passo successivo, cioè di spiegare per mezzo di considerazioni meccaniche questi sforzi nei dielettrici»[97]. D'altra parte, indagare in cosa dovesse consistere il «passo successivo», significa giungere fino alla fine del § 574, in cui scrive che una teoria completa dell'elettricità dovrebbe essere il «risultato di movimenti conosciuti di porzioni note di materia». Commenta, a questo riguardo, Agazzi: «Ciò indica con sufficiente chiarezza che il "mezzo", la "sostanza" eterea costituente il campo, doveva essere, agli occhi di Maxwell, un opportuno

---

[95] E. AGAZZI, *op. cit.*, pp. 65-66.

[96] «Nel rifiutare la teoria dell'azione a distanza per sostituirvi una teoria dell'azione attraverso un mezzo non si poteva certo dire che si intendeva proporre un mezzo inesistente, o sfornito di proprietà fisiche ipotizzabili. Bene o male, quindi, un etere andava ammesso e il massimo che si potesse fare era quello di lasciarne la struttura fisica il più possibile imprecisata, limitandosi a dire, come fa appunto Maxwell, di quali proprietà generiche dovrebbe godere e ad asserire che è "soggetto ai principi della dinamica"» (*Ivi*, p. 55).

[97] MAXWELL, *Trattato*, op. cit., §§ 110-111.

"meccanicismo"»[98].

Un vero meccanicista dunque, come lo era il suo amico Lord Kelvin che, nelle lezioni di Baltimora del 1884, pubblicate vent'anni dopo, affermava di non dare credito a nessun suggerimento tendente a considerare l'etere luminifero come un immaginario «modo ideale» privo di realtà, poiché, come egli stesso rimarcava, «io credo che esista una materia reale tra noi e le stelle più lontane, e che la luce consista di movimenti reali di tale materia»[99]. D'altra parte basterebbe vedere cosa dice lo stesso Maxwell in *On the dynamical evidence of the molecular constitution of bodies*: «Quando un fenomeno fisico può essere completamente descritto come un mutamento nella configurazione e nel movimento di un sistema materiale, si dice che la spiegazione dinamica di quel fenomeno è completa. Noi non possiamo concepire che sia necessaria, desiderabile o possibile, una qualunque spiegazione ulteriore, poiché basta che noi sappiamo che cosa si intende con le parole configurazione, movimento, massa e forza, per vedere che le idee da esse rappresentate sono talmente elementari da non poter essere spiegate per mezzo di nient'altro»[100].

Evidente, dunque, il suo anelito ai «chiari principi della meccanica»[101], desiderando non travalicare quei «limiti della vera e

---

[98] AGAZZI, *cit.*, p. 68.

[99] Citato in E. BELLONE, *Opere di Kelvin*, op. cit., p. 35.

[100] *Papers* II, p. 418 (cit. in AGAZZI, *op. cit.*, p. 78). Commenta Agazzi: «Come si vede, è qui espressa con tutta chiarezza la convinzione secondo cui la "spiegazione dinamica" di un fenomeno fisico costituisce (quando sia possibile giungervi) una spiegazione ultimativa, una comprensione totale di esso, il che è appunto il nocciolo concettuale della posizione meccanicista. [...] Non pare corretto, quindi, dubitare che Maxwell aspirasse, tutte le volte che gli fosse possibile, a mettere le mani su una "spiegazione meccanica"» (*Ibidem*).

[101] «[Newton] ama pensare al peso come a una qualità intrinseca ai corpi e far rivivere le screditate idee delle qualità occulte e dell'attrazione... Noi desideriamo filosofare sempre sulla base dei chiari principi della meccanica; se li abbandoniamo, tutta la luce che possiamo raggiungere si estinguerà e noi torneremo a essere immersi nelle antiche tenebre del peripatetismo, dalle quali

sana filosofia» ben marcati da Huygens[102]. Come spiega Maupertuis: «Nulla è più bello dell'idea di Descartes, che voleva che si spiegasse tutto in fisica con la materia e il moto»[103].

Se è vero che Maxwell sembra essersi valso spesso dei modelli soltanto come fonti di analogie, è pur vero che «questa è stata, più che una scelta deliberata, una situazione subita. Non disponendo di verifiche indipendenti per i suoi modelli del campo elettromagnetico, egli non aveva, per così dire, fondamenti adatti per conferire loro "realtà fisica" e doveva quindi accontentarsi di far loro svolgere l'utile funzione di suggerire analogie, da sfruttare sapientemente dal punto di vista matematico. *In nessun caso, però, egli sarebbe stato disposto ad ammettere che la spiegazione ultima dei fatti elettromagnetici dovesse essere cercata fuori dalla meccanica*»[104]. Il *Treatise* spesso superficialmente portato a prova di un superamento della posizione meccanicistica da parte di Maxwell, rivela invece, ad un'analisi obiettiva, quella fiducia di poter un giorno «spiegare fisicamente i fatti fisici» così come aveva esternato in *Faraday's lines*: «Anche se non riesce a mettere a nudo l'autentico "meccanismo" che, secondo Maxwell, sottosta alle manifestazioni del campo elettromagnetico, si riesce a dare di quest'ultimo almeno una "teoria meccanica", ossia una illustrazione che chiama in causa solo concetti meccanici e che nel *Trattato* (grazie al ricorso ai metodi langragiani, che permettono di sviluppare una trattazione rigorosa anche in assenza di conoscenze sui dettagli del meccanismo) potrà addirittura assumere la forma canonica cui sono in generale sottoponibili tutte le branche della meccanica. A questo punto possiamo dire che Maxwell era pervenuto a giustificare la sua convinzione, secondo cui

---

ci salvi il cielo» (SAURIN, *Histoire de l'Académie Royale des Sciences*, 1709, p. 148 [cit. in M.B. HESSE, *Forze e campi. Il concetto di azione a distanza nella storia della fisica*, Milano 1974, p. 183]).

[102] HUYGENS, *Discours de la cause de la pesanteur*, in Oeuvres XXI, p. 446 (cit. in E.J. DIJKSTERHUIS, *Il meccanicismo e l'immagine del mondo*, Milano 1980, p. 619).

[103] MAUPERTUIS, *op. cit.*, p. 164 (cit. in Casini, *op. cit.*, p. 73).

[104] AGAZZI, *cit.*, p.77 (corsivo aggiunto).

una struttura meccanica sottostante il campo elettromagnetico *c'è*, anche se egli non era in grado di dire esattamente *quale è*»[105].

Ma dinnanzi a una tale spinta meccanicista da parte di Maxwell[106], come è possibile che ci si sia allontanati fino ad un puro formalismo matematico? Ci ricorda, a questo riguardo, Max Born: «Fu Heinrich Hertz ad allontanarsi deliberatamente da qualsiasi speculazione meccanicistica. [...] Questa esplicita rinuncia a una spiegazione meccanicistica fu di estrema importanza da un punto di vista metodologico e aprì la strada ai grandi progressi delle ricerche di Einstein»[107]. Hertz, nell'introduzione alla sua raccolta di memorie *Untersuchungen über die Ausbreitung der elektrischen Kraft* (1892), scrive (dopo aver parlato dei vari sforzi da lui compiuti per comprendere la teoria di Maxwell): «Questo, e non già le particolari concezioni o i particolari metodi di Maxwell, io chiamerei la teoria di Maxwell. Alla domanda "che cos'è la teoria di Maxwell?" io non ho saputo dare risposta più breve e più precisa di questa: la teoria di Maxwell è il sistema delle equazioni di Maxwell. Ogni teoria che conduca a queste equazioni, e quindi domini i medesimi possibili fenomeni, io la considererei come una forma o un caso particolare della teoria di Maxwell; ogni teoria che conduca ad equazioni diverse, e quindi a possibili fenomeni diversi, è una teoria diversa»[108].

---

[105] *Ivi*, pp. 79-80.

[106] Tanto che chiude il suo *Trattato* con le seguenti parole: «Perciò tutte queste teorie portano al concetto di un mezzo in cui si verifica la propagazione e, se si ammette questo mezzo come ipotesi, io penso che dovrebbe occupare un posto preminente nelle nostre ricerche, e che dovremmo tentare di costruire una rappresentazione mentale di tutti i dettagli della sua azione, il che è stato lo scopo costante di questo mio trattato» (§ 866).

[107] MAX BORN, *La sintesi einsteiniana*, Torino 1969, p. 232.

[108] Cit. in AGAZZI, *op. cit.*, pp. 66-68. Commenta Agazzi: «Naturalmente, questo carattere eminentemente formale della teoria maxwelliana del campo elettromagnetico non significa che essa fosse totalmente formale. In altri termini, Maxwell ha sempre avuto il problema del significato fisico delle sue equazioni, ha sempre inteso che esse parlassero di un mezzo effettivamente

Tuttavia, formalizzare matematicamente un apparato concettuale non significa necessariamente eliminare il modello sottostante: quest'ultimo passo doveva farlo un «rivoluzionario»[109] di nome Einstein. Come ci spiega Born: «D'altra parte l'esistenza nel vuoto di vibrazioni osservabili è al di là di ogni verifica sperimentale: i fenomeni luminosi o elettromagnetici sono osservabili solo per effetto della loro connessione con le sostanze materiali. Il vuoto, lo spazio completamente privo di materia, non può essere oggetto di osservazione. Tutto ciò che noi possiamo sapere è che un segnale parte da un corpo e ne raggiunge un altro dopo un certo intervallo di tempo; [...] Da questo momento l'etere come sostanza materiale scompare dalla teoria e viene sostituito dal campo elettromagnetico, inteso come un utile strumento matematico per la descrizione dei processi che avvengono nella materia e delle loro relazioni»[110]. Sottolineerà Harman: «Rifiutando il dualismo tra elettroni discreti ed etere della teoria degli elettroni di Lorentz, Einstein cercò di

---

esistente (anche se difficile da caratterizzare) e che non si riducessero a un semplice costrutto matematico quale appariva, almeno allora, la teoria classica del potenziale. [...] Il minimo che si possa dire, quindi, è che il campo elettromagnetico maxwelliano è per lo meno un campo di energia, la quale è presente ovunque, anche là dove non esiste materia ponderabile, e consente perciò di conferire "esistenza fisica" al campo anche nel cosiddetto spazio vuoto [...] Tuttavia, se affermassimo che il campo maxwelliano è un puro campo di energia noi andremmo decisamente oltre (anzi esplicitamente contro) quello che il nostro scienziato asserisce: egli vedeva infatti il campo come costituito da un "mezzo" capace di ricevere e trasmettere l'energia e non già costituito di pura energia. Si legga in proposito l'ultima pagina del Trattato: "Se si ha la trasmissione di un qualche cosa da una particella all'altra a distanza, qual è la sua condizione dopo che ha lasciato una particella e prima di raggiungere l'altra? Se questo qualcosa è l'energia potenziale delle due particelle, come nella teoria di Neumann, come si può pensare che questa energia esista in un punto dello spazio, che non coincide né con una particella né con l'altra? Infatti, se dell'energia viene trasmessa da un corpo ad un altro nel tempo, ci deve essere un mezzo o sostanza in cui l'energia esiste dopo aver lasciato un corpo e prima di raggiungere l'altro"» (*Ibidem*).

[109] *Cfr.* G. RIZZI, *Op. cit.*, p. 11.

[110] MAX BORN, *La sintesi einsteiniana*, Torino 1969, p. 268.

eliminare il dualismo tra concezione elettromagnetica e meccanicistica del mondo supponendo che la luce fosse particellare. Il suo saggio sulla "relatività", pubblicato in quello stesso anno, sviluppò il suo tentativo di arrivare a una fisica unificata. I postulati fondamentali della teoria erano principi universali che si applicavano sia alla meccanica che all'elettrodinamica. L'abbandono del concetto d'etere in quanto "superfluo" illuminò il suo rifiuto di una concezione elettromagnetica del mondo; di conseguenza *la sua teoria fu considerata un principio della meccanica, e pertanto antiquata, dai fisici che ritenevano che i concetti elettromagnetici fornissero la base di una fisica universale*»[111].

Al lettore attento non potrà sfuggire – usando un termine azzeccato di Francisco Varela[112] – il «surplus di significazione» enorme nascosto tra le righe di quanto appena citato: si tratta di un chiaro ritorno da Maxwell a Newton, o meglio ancora, a Cotes, come acutamente osserva Umberto Bartocci: «La TRR [Teoria della Relatività Ristretta] non è in realtà del tutto "rivoluzionaria", nel senso che lo è soltanto nella misura in cui porta alle estreme conseguenze l'eventualmente assurda concezione di uno spazio vuoto, omogeneo e isotropo, fisicamente inattivo, incapace di offrire resistenza ai moti, utilizzato come tale da tutti i padri fondatori della meccanica, a partire da Galileo ma soprattutto da Newton (e in verità, più dai "newtoniani" che non da Newton stesso...)»[113]. Il punto qui è che questo «spazio vuoto, omogeneo e isotropo» mal si adatta con la realtà del campo.

Già nel 1716 Leibniz faceva osservare al newtoniano Clarke che: «Se lo spazio (che l'autore immagina) privo di tutti i corpi non è totalmente vuoto, di che cosa è pieno? Esso è pieno forse di spiriti estesi, o di sostanze immateriali, capaci di estendersi e di contrarsi, che si muovono in esso e si compenetrano sulla superficie di un

---

[111] P.H. HARMAN, *Energia, forza e materia*, op. cit., pp. 189-190 (corsivo aggiunto).

[112] *Cfr.* F.J. VARELA, *Un know-how per l'etica*, Roma-Bari 1992.

[113] U. BARTOCCI, *Albert Einstein...*, op. cit., p. 43.

muro?»[114]. Clarke stesso, sotto i colpi di Leibniz, ammetteva: «Che un corpo debba attrarne un altro senza alcun mezzo intermedio è di fatto non un miracolo ma una contraddizione, equivalendo a supporre che qualcosa agisca dove non è»[115]. Pur tuttavia, similmente allo "spirito" dei moderni formalisti, egli credeva che «il mezzo attraverso il quale si attirano l'un l'altro, può essere invisibile ed intangibile e di una natura differente da un meccanicismo; ciò non toglie che un'azione regolare e costante possa essere chiamata naturale»[116]. La risposta di Leibniz è quanto di meglio, in base a chiarezza e profondità, si possa desiderare: «Avevo obiettato che un'attrazione propriamente detta, o alla scolastica, sarebbe un'azione a distanza, senza un mezzo. Si risponde che un'attrazione senza mezzo sarebbe una contraddizione. Benissimo: ma come la s'intende allora, quando si vuole che il sole, attraverso uno spazio vuoto, attiri la terra?»[117]. «Un tale mezzo di comunicazione (egli dice) è invisibile, intangibile, non meccanico. Egli avrebbe potuto aggiungere anche inesplicabile, inintellegibile, precario, privo di ragione e senza precedenti»[118]. «Ma si dice, è regolare, costante e, per conseguenza, naturale. Rispondo che non potrebbe essere regolare, senza essere conforme a ragione; e che non potrebbe essere naturale, senza essere spiegabile per mezzo della natura delle creature. Se questo mezzo, che determina un'attrazione vera e propria, è costante e nello stesso tempo è inspiegabile per mezzo delle forze delle creature, e se con

---

[114] *Carteggio Leibniz-Clarke*, "quinto scritto di Leibniz", agosto 1716, § 48, in LEIBNIZ, *Scritti filosofici*, 2 voll., Torino 1967, vol. I, p. 351 (abbiamo preferito tuttavia qui, la traduzione presente in M.B. HESSE, *Forze e campi. Il concetto di azione a distanza nella storia della fisica*, op. cit., p. 188).

[115] *Carteggio Leibniz-Clarke*, "quarta replica di Clarke", maggio-giugno 1716, § 45, in LEIBNIZ, *Op. cit.*, p. 337 (traduzione presente in M.B. HESSE, *Op. cit.*, p. 188).

[116] *Ibidem* (trad. in Leibniz, *Op. cit.*).

[117] *Carteggio Leibniz-Clarke*, "quinto scritto di Leibniz", agosto 1716, § 118 (in LEIBNIZ, *Scritti filosofici*, 2 voll., Torino 1967, vol. I, p. 370).

[118] *Ivi*, § 120, in LEIBNIZ, *Op. cit.*, p. 370 (riportato in M.B. HESSE, *Op. cit.*, p. 189).

tutto ciò esiste veramente, è un miracolo perpetuo; se poi non è un miracolo, è falso; è una cosa chimerica, una qualità scolastica occulta»[119].

In altri termini, Leibniz evidenzia che qualunque retroscena che sia «regolare e costante» è direttamente trattabile come un meccanismo naturale, e solo in questo senso eliminerà la sua «inesplicabilità, inintellegibilità, precarietà, ecc...»[120]. Purtroppo, dopo Maxwell, il fisico moderno incurante del monito di Cartesio, rimuove «ogni tipo di corpo, lasciandosi dietro lo spazio»[121]. Il pericolo di aver eliminato ogni residuo di dubbio nella comprensione di un simile concetto di campo smaterializzato e virtuale è analogo a quello della «familiarizzazione» – per usare un termine di Bridgman[122] – avvenuta sul concetto di azione a distanza sedimentato nei secoli[123]. E' lasciare passivamente che – con le

---

[119] *Ivi*, §§ 121-122, p. 370.

[120] Persino Voltaire, famoso per aver optato per la fisica newtoniana, durante la sua decennale iniziazione a quest'ultima, in una delle sue caratteristiche esitazioni fece presente che: «Se anche l'attrazione fosse vera non ne risulterebbe il minimo vantaggio, il minimo aiuto per la meccanica. Eppure Newton ha passato tutta la sua vita alla ricerca di quasta scoperta, e migliaia di uomini nel tentativo di apprenderla» (VOLTAIRE, *Notebooks*, 2 voll., Genève 1968, vol. I, p. 76 [cit. in CASINI, *op. cit.*, p. 83]).

[121] Cartesio, lettera del 9 gennaio 1639, AT, II, 482 (cit. in J. COTTINGHAM, *Cartesio*, Bologna 1991, p. 114).

[122] «Ogni volta che l'esperienza ci conduce in regioni nuove o poco familiari, dobbiamo sempre attenderci una nuova crisi. Cosa dobbiamo fare in casi del genere? A me sembra che la sola cosa da farsi sia imitare esattamente il neonato, cioè aspettare fino a che abbiamo accumulato tanta esperienza del nuovo tipo da familiarizzarci con essa» (BRIDGMAN, *La logica della fisica moderna*, op. cit., p. 66).

[123] Quello che appariva come una formulazione temporanea in stile *top-down*, puramente matematica, di un meccanismo nascosto, finì col tempo per cristallizzarsi: «Il sospetto, fondato o meno, che la concezione dell'attrazione o gravitazione universale, maggior gloria della filosofia di Newton, implicasse un'azione a distanza, le impedì di ottenere universale approvazione. Infatti, nella prima recensione ai *Principia* che apparve in Francia, si trova, accanto a un appassionato elogio del suo valore in quanto "meccanica", una condanna

143

parole di Benedetto Croce – «presi da una folle paura di dover pensare il già pensato»[124], si realizzi la condizione che il "Maestro della *Scuola Copenhagen*" sussurra ad Alice, sconcertata dal mondo dei quanti, per tranquillizzarla: «Ci farai l'abitudine presto, non temere»[125].

6. Con gli occhi di Platone

Ritorniamo adesso alla "essenzialità cartesiana" di partenza. «Non si è per nulla esorcizzato, con l'invenzione del campo, il mistero dell'apparire successivo di una forza in successivi corpi di prova»[126]. E' Bridgman che parla, nonostante il salto evolutivo che egli pone nella teoria di Einstein. Non basta dunque la matematica a intelligibilizzare il campo. Cerchiamo di avvicinarci a questo concetto così fondamentale della fisica con occhi sgombri da preconcetti, puntati su una "prospettiva verticale", dall'alto, così come farebbe un Platone o un Cartesio se fosse al posto nostro.

Cominciamo con l'analizzare il pensiero semantico-concettuale di Einstein: «Le equazioni matematiche di questa teoria [di Maxwell] esprimono le leggi governanti il campo elettromagnetico. Non collegano, come nelle leggi di Newton, due eventi separati da una grandissima distanza; non collegano ciò che succede "qui" con le condizioni imperanti "colà". Il campo "qui" ed "ora" dipende dal

---

piuttosto dura in quanto "fisica": "L'opera di Newton è una meccanica, la più perfetta che si possa immaginare, non potendosi fornire dimostrazioni più precise e più esatte di quelle che egli propone nei primi due libri dell'opera ... Ma si deve confessare che queste dimostrazioni non vanno altrimenti considerate che in modo meccanico; infatti l'autore stesso riconosce, alla fine della pagina quattro ed all'inizio della cinque, di aver preso in esame i loro principî non da fisico, bensì semplicemente da geometra. [...] Per conferire alla sua opera la massima perfezione, basterebbe che Newton ci desse una fisica esatta come la sua meccanica. Vi riuscirà soltanto se sostituirà ai moti supposti quelli reali."» (A. KOYRÉ, *Studi newtoniani*, Torino 1983, p. 127).

[124] Cit. in U. BARTOCCI, *op. cit.*, nota 53.

[125] R. GILMORE, *Alice nel paese dei quanti*, Milano 1996, p. 78.

[126] BRIDGMAN, *Le teorie di Einstein e il punto di vista operativo*, op. cit., p. 299.

144

campo dell'*immediata vicinanza,* e nell'istante *appena trascorso.* Le equazioni del campo consentono di predire ciò che avverrà un poco più lungi nello spazio ed un poco più tardi nel tempo, se sappiamo ciò che avviene qui ed ora»[127]. Il nucleo essenziale del campo è quindi quello che potremmo definire "localismo"[128].

La prima caratteristica (che chiameremo *alfa*) del *localismo* è il *ritardo* di una sua generica perturbazione. Osserviamo qui due aspetti: il primo è che la caratteristica *alfa* non ci consente a rigore di decidere se si tratta di una perturbazione in un mezzo già pre-esistente – collegante la sorgente con l'osservatore – in quanto lo stesso ritardo sarebbe spiegabile anche senza l'ipotesi del mezzo, come ad esempio la teoria fotonica di Einstein, di tipo emissivo: in questo caso si potrebbe parlare ancora di campo, in quanto esisterebbe ancora un gradiente – sia di densità che d'interattività – dove la sorgente avrebbe la singolarità geometrica di essere al centro. Chiaramente, con quest'ultimo modello, e con le parole di Pauli[129]: «a quelle grandezze di stato dello spazio vuoto non può venire associata una coordinata di posizione o una velocità»[130]. Tuttavia, ed è questo il secondo aspetto, rimarrebbe sempre un ritardo diverso da zero pur facendo entrare nel calcolo di quest'ultimo considerazioni relativistiche: diversamente si riavrebbe, sotto altre vesti, la

---

[127] EINSTEIN e INFELD, *Op. cit.*, pp. 156-157.

[128] Con le parole di Poincaré: «Una perturbazione non può raggiungere che una parte finita di questo mezzo, le parti più lontane restano in riposo» (*A proposito della teoria di Larmor*, in *Scritti di fisica-matematica*, op. cit., p. 276).

[129] W. PAULI, *Teoria della relatività*, op. cit., p. 9.

[130] Ecco l'equivalente formulazione di Max Born: «Queste considerazioni assumono nei confronti del concetto di etere una posizione analoga a quella che il principio di relatività della meccanica classica ha rispetto allo spazio assoluto di Newton. In quest'ultimo caso la conclusione cui si arriva è che nessun punto nello spazio assoluto ha un reale significato fisico, poiché in esso non ha alcun senso fissare e riconoscere in un secondo tempo un qualsiasi punto. Allo stesso modo dobbiamo ora ammettere che definire un punto nell'etere non ha alcun carattere di realtà nell'àmbito della fisica, per cui l'etere perde completamente la sua natura di sostanza materiale» (*Op. cit.*, p. 267).

newtoniana *azione a distanza*.

La seconda caratteristica – o proprietà (*p.*, che chiameremo *p. beta*) – ai nostri fini ancora più importante, è *la totale indipendenza dalla sorgente e dall'osservatore*. Con le parole di Einstein e Infeld: «Rammentiamo anche che il campo elettromagnetico trasporta energia la quale, *una volta emessa, conduce vita indipendente dalla sorgente*» [131]. Se si riflette attentamente, ciò risulta collegato e dipendente dalla proprietà *alfa* (che d'ora in poi indicheremo con *p. alfa*): infatti se questa non esistesse non potremmo mai accorgerci della *p. beta*. D'altra parte se non esistesse quest'ultima saremmo ancora costretti a parlare di *azione a distanza*. Quanto detto fin qui è sufficiente a rivelarci il volto filosofico del *localismo*: *antitesi* minima dell'*azione a distanza*.

A questo punto possiamo affermare quanto segue: *condizione necessaria e sufficiente affinché venga violata l'azione a distanza è che siano presenti le p. alfa e beta. Se ciò accade siamo in presenza del localismo, e quindi dell'esistenza di un campo.*

Vogliamo infine accorpare al *localismo* la *p. gamma*, da aggiungere alle due sopracitate: *l'aspetto "gradienziale"* [132] *del campo. Infatti, se questo non presentasse alcun gradiente o disuniformità, se cioè fosse spazialmente omogeneo e isotropo, non sarebbe rilevabile. Ciò potrebbe apparire in qualche modo implicito nello stesso concetto di*

---

[131] EINSTEIN E INFELD, *Op. cit.*, p. 174 (corsivo aggiunto). Come viene sottolineato da LEV LANDAU e G.B. RUMER (*Che cosa è la relatività?*, Roma 1981, p. 52): «Un fisico del secolo scorso, ignorando l'esistenza di una velocità limite in natura, certamente avrebbe pensato che se il Sole si fosse spaccato, ci sarebbe stato immediatamente un mutamento nel moto della Terra. Ma la luce impiega otto minuti ad arrivare dal Sole sulla Terra. In realtà, quindi, i mutamenti nel movimento della Terra inizierebbero soltanto otto minuti dopo l'esplosione solare e fino a quel momento la terra continuerebbe a muoversi come se il Sole fosse rimasto intatto. Più in generale, qualsiasi cosa succeda al Sole o sul Sole non può avere alcun effetto sulla Terra o sul suo movimento fino a che non siano trascorsi questi otto minuti».

[132] Usiamo questo termine in modo del tutto generico: non solo, cioè, per indicare un ipotetico gradiente, ma anche qualunque disuniformità o disomogeneità del campo.

"perturbazione" o *"emissione", le quali, tuttavia, sono legate alla sorgente, mentre la caratteristica gamma* così esplicitata "copre" anche l'osservatore.

Ora, premesso ciò, il *concetto di campo einsteiniano*, non differisce essenzialmente da quello maxwelliano: ambedue sono provvisti di tutte e tre le *proprietà* sopra definite. Ebbene, la nostra tesi è che il concetto di campo, precisamente il *localismo*, è incompatibile con lo "spirito" della teoria della relatività di Einstein (tecnicamente è in contraddizione con il primo postulato di questa).

Se ciò risultasse vero, sarebbe clamoroso: infatti Einstein afferma che la sua teoria «scaturisce dai problemi del campo»[133]. Non solo, ma addirittura «essa elimina le difficoltà, e le contraddizioni della teoria del campo»[134]; e ancora: «La teoria della relatività accentua l'importanza che nel dominio della fisica spetta al concetto di campo»[135]. Come affrontare, o valutare, queste affermazioni di Einstein? La risposta ce la dà Bridgman: «E' ovvio, infatti, che il vero significato di un termine va cercato esaminando come un uomo lo usa, non cosa ne dice»[136].

Esaminiamo dunque da vicino la semantica dell'etere e del vuoto. Per quanto riguarda l'etere e le equazioni di Maxwell: «Le equazioni di Maxwell non sono invarianti nè rispetto a moti vari, nè rispetto a moti di traslazione uniforme degli assi; presuppongono la identificabilità geometrica dei punti dell'etere, e il conseguente riferimento ad assi legati con detti punti»[137]. Per quanto riguarda il vuoto: «Ma come potremo identificare un punto? Lo spazio "vuoto" è amorfo e i suoi "punti" non hanno identità. L'identificabilità

---

[133] EINSTEIN E INFELD, *Op. cit.*, p. 255.

[134] *Ivi*, p. 208.

[135] *Ivi*, p. 256.

[136] BRIDGMAN, *La logica della fisica moderna*, op. cit., p. 38.

[137] G. GIORGI, *Il problema del moto assoluto nelle leggi fondamentali della dinamica*, in "Rend. circolo mat. di Palermo", XXXIV, 1912, p. 306.

richiede un certo substrato fisico»[138]. Ma l'*identificabilità geometrica* è implicita nella *p. gamma* e si esplicita nell'effetto del campo. Questa a sua volta rimanda necessariamente alle proprietà *alfa* e *beta*: ed ecco il *substrato fisico* di Bridgman.

In altri termini, il *mezzo* cacciato via dalla porta ritorna di nuovo dalla finestra sotto forma di campo. Infatti le tre caratteristiche essenziali di questo portano all'identificazione geometrica locale, esattamente la funzione che era propria dell'etere. Quindi, sia che l'etere faccia da supporto al campo, sia che il campo "viaggi" nel vuoto, la sostanza rimane la stessa: affinché si esperimentino gli effetti deve sussistere la caratteristica *gamma* e questa, a sua volta, rimanda ad un mezzo. La presenza della caratteristica *beta* porta, poi, "il mezzo" ad un'autonomia incompatibile con la teoria di Einstein: non esisterebbe infatti soltanto la "relazione" spaziale tra sorgente e osservatore, ma farebbe la comparsa un "terzo incomodo", *il mezzo indipendente*, che tramite le caratteristiche *alfa* e *gamma* porterebbe ad effetti rivelabili incompatibili con la relatività[139].

In più, se la relatività dovesse cadere, il concetto di etere ritornerebbe necessariamente sulla scena. Infatti *gamma* implica *alfa*, e *alfa* – senza relatività – implica l'etere, a causa del carattere costante – e indipendente dalla sorgente – della velocità di ogni sua perturbazione (cioè a causa di *beta*)[140].

---

[138] BRIDGMAN, *Le teorie di Einstein e il punto di vista operativo*, op. cit., pp. 284-285.

[139] Estremamente notevole è la conseguenza fenomenica ottica che la *p. beta* impone: non potrebbe più essere generalizzata la simmetria della sorgente rispetto ai fronti d'onda. Ciò poteva essere analizzato già precedentemente considerando la non-coincidenza semantica tra il concetto di "simmetria" e quello di "contrazione". Naturalmente crollerebbe la stessa formulazione einsteiniana di simultaneità. Cfr. *Il terzo osservatore: analisi critica del concetto di relatività del moto e di sistema inerziale*, del presente autore.

[140] Per quanto riguarda, in questo caso, la causa e il carattere della cosiddetta "dilatazione del tempo" si veda, del presente autore, il già cit. *Sillogismo di Dingle...*

7. Con gli occhi di Aristotele

Tutto ciò può essere messo sottoforma di sillogismo:

1. *Premessa maggiore:* Secondo il principio di relatività di Einstein (primo postulato) è impossibile stabilire – relativamente al moto di due osservatori inerziali in avvicinamento o in allontanamento tra loro – non solo sperimentalmente, ma anche in linea di principio, quale dei due si stia muovendo (non avrebbe neanche senso quest'ultima espressione). Infatti un moto "micro-assoluto"[141] avrebbe bisogno di un'identificabilità rispetto ad un "terzo corpo" o sistema di riferimento indipendente. Einstein (1905), d'altra parte, afferma che «il fenomeno osservabile dipende, in questo caso, solo dal moto relativo del magnete e conduttore». Nessun "terzo corpo" quindi. In particolare tutto ciò implica che se la relazione spaziale tra sorgente e osservatore rimane immutata (come nel "co-moving") non potrà mai esserci un'asimmetria di effetti tra i due. E questo, per il *principio*

---

[141] Einstein ci costringe a coniare qui un nuovo aggettivo per indicare un "non-relativismo" locale, la cui differenza da quello che potremmo chiamare "macro-assoluto" – comunemente chiamato assoluto – sta nel carattere locale e concettualmente isolabile. Ciò avrebbe il vantaggio di non dover ipotizzare ad esempio un "riferimento" omogeneo e isotropo su scala cosmica, in quanto sarebbe sufficiente che lo fosse anche solo localmente affinché le leggi fisiche abbiano la forma che conosciamo. Per citare qualche caso, in uno spazio fluidodinamico di tipo todeschiniano (v. M. TODESCHINI, *La teoria delle apparenze*, Bergamo 1949, e anche, dello stesso autore, *Psicobiofisica*, Torino 1978), l'anisotropia e disomogeneità su scala cosmica viene neutralizzata nel riferimento locale. TOM VAN FLANDERN (*What the Global Positioning System Tell Us about Relativity*, in SELLERI [ed.], *Open Questions...*, cit.) parla, ad esempio, di «local gravity field» con una semantica molto simile al nostro neologismo. Lo stesso concetto di campo appena analizzato, presenta non solo un gradiente locale, ma la derivata di quest'ultimo su scala cosmica sarebbe diversa da zero a causa della presenza di più campi. E' opportuno riferirsi quindi a moti *micro-assoluti*, al fine di evidenziare che il "sistema" che viene preso (localmente) come riferimento, non necessita dell'universalità, cioè della "macro-assolutezza".

di ragion sufficiente (al quale Einstein cede la mano al "volante" della sua teoria[142]), in nessun caso: neanche nel caso di moti non inerziali (a patto che la distanza tra sorgente e osservatore rimanga immutata e costante)[143].

2.   *Premessa minore*: La realtà del campo implica il *localismo* con le sue tre *proprietà*. In particolare la *p. gamma* coincide semanticamente con la *identificabilità geometrica dei punti del mezzo*. La *p. beta* infine lo pone a tutti gli effetti come "terzo corpo" e sistema di riferimento "micro-assoluto".

3.   *Conclusione*: Il principio di relatività di Einstein è incompatibile col *localismo* e quindi con la realtà del campo. Se esiste l'uno non può esistere l'altro. Uno dei due concetti deve cadere. Clamoroso e degno di nota è che proprio Einstein, formulando nella sua maturità la scelta verso la realtà del campo (relatività generale e teoria del campo unificato), abbia decretato oltre a una sua contraddizione interna di pensiero anche una condanna alla sua teoria originaria: diversamente gli sforzi compiuti negli ultimi 40 anni della sua vita sarebbero stati inutili e vani già in partenza (come intuì in qualche modo Bridgman).

8. Gli effetti rivelabili del *mezzo*

Useremo qui di seguito i termini *alfa*, *beta*, *gamma* uniti a

---

[142] Si veda a questo riguardo il già citato *Einstein e il principio di ragion sufficiente*.

[143] Ciò viene garantito, d'altronde, da un'identico campo di forze inerziali in modulo, direzione e verso tra sorgente e osservatore. Si provi a pensare, al fine di incrementare l'intelligibilità della fenomenologia, ad un universo vuoto tranne i due corpi esaminati (magnete e conduttore, ad esempio). Per un'approfondimento si veda *Il terzo osservatore: analisi critica del concetto di relatività del moto e di sistema inerziale*, già citato, del presente autore.

"phenomenology" per indicare gli effetti rivelabili dovuti rispettivamente alle *proprietà alfa, beta* e *gamma* del campo. Questi vanno interpretati naturalmente in termini di priorità, in quanto l'*una* non può esistere senza le *altre*.

[a] - *Alfa* phenomenology.

Rivelare la *p. alfa* significa evidenziare un *ritardo* come se fosse dovuto all'"inerzia del mezzo". Rivediamo a tal riguardo il "cuore" del pensiero einsteiniano espresso nella memoria del 1905 e da noi già considerato all'inizio di questo nostro lavoro: «Infatti, se si muove il magnete e rimane stazionario il conduttore, si produce, nell'intorno del magnete, un campo elettrico con una ben determinata energia, il quale genera una corrente nei luoghi ove si trovano parti del conduttore. Se viceversa il magnete resta stazionario e si muove il conduttore [...] si osserva, nel conduttore, una forza elettromotrice [... che ...] genera correnti elettriche della stessa intensità di quelle prodotte dalle forze elettriche nel caso precedente, e che hanno lo stesso percorso»[144]. Da qui, con un incredibile quanto – per noi – ingiustificabile salto concettuale, egli arriva alla conclusione «che i fenomeni elettrodinamici, al pari di quelli meccanici, non possiedono proprietà corrispondenti all'idea di quiete assoluta», visto che, operazionisticamente parlando, ciò che conta (ed ecco "l'anima", lo "spirito" e il perché del nome "relatività") è «*che il moto relativo sia lo stesso nei due casi*»[145].

E' bene tener fermo in mente che per Einstein scompare (così come voleva Mach) ogni possibile discriminabilità tra il moto della sorgente e quello del ricevitore (od osservatore). E' questo il cuore della relatività. Ed è questo il cuore della "simmetrizzazione". «Laddove la concezione usuale contempla due casi nettamente distinti, a seconda di quale dei due corpi sia in movimento, il fenomeno osservabile dipende, in questo caso, solo dal moto relativo

---

[144] A. EINSTEIN, *L'elettrodinamica dei corpi in movimento*, op. cit., p. 148.

[145] *Ibidem* (corsivo aggiunto).

del magnete e conduttore»[146]. Ciò significa che qualora riuscissimo ad osservare anche un solo effetto distinguibile tra il moto della sorgente e quello del ricevitore, cadrebbe tutta l'impalcatura concettuale della teoria[147].

Ora supponiamo di avere un magnete ad una distanza r da un conduttore a forma di spira. Secondo la teoria di Maxwell e conseguentemente di Lorentz (anche se egli non ha mai immaginato questo test) se moviamo la spira tenendo "fermo" il magnete, si avrà *immediatamente* l'effetto di una corrente elettrica interna al conduttore. D'altra parte se moviamo il magnete e non la spira otterremo l'effetto previsto solo all'arrivo della perturbazione del campo, quindi solo dopo un tempo r/c dall'inizio del movimento del magnete. Come si vede esiste una chiara differenza di effetti tra il movimento del magnete e quello della spira. Se ad esempio la distanza r è di un *anno luce*, allora l'effetto della visualizzazione del passaggio della corrente, tramite un ipotetico galvanometro sensibilissimo collegato alla spira, è immediato se è la spira a

---

[146] *Ibidem.*

[147] Ad una mente "incontaminata" crediamo non sia necessario arrivare alla "discriminabilità empirica": le motivazioni della fenomenologia conosciuta sarebbero sufficienti per scegliere tra due teorie, a condizione però di non essere caduti, come invece purtroppo è accaduto, nella trappola di accettare che «non esiste in fisica altro criterio di verità che il successo» (G. RIZZI, *Op. cit.*, p. 2). Lo stesso Mach, nella sua celebre *Die Mechanik...*, dopo aver fatto notare che «Descartes, se fosse vivo, vedrebbe il suo ideale realizzato nella meccanica hertziana» in quanto sarebbe «riuscito a dimostrare che le *azioni a distanza* ... sono effetti di movimenti in un mezzo»; e pur riconoscendo che: «Non si può negare che altro sia abbracciare unitariamente in un quadro completo tutti i fenomeni che hanno luogo in un mezzo, insieme con le masse maggiori contenute in esse, e altro conoscere di queste masse isolate solo la relazione per cui imprimono accelerazioni: sono due rappresentazioni di *livello molto diverso*. Lo capisce anche chi *non* crede che l'azione per contatto sia più comprensibile dell'azione a distanza», egli tuttavia si arrende davanti al "successo" empirico dell'ordinaria meccanica: «*Dal punto di vista teorico* la meccanica di Hertz è più bella e più unitaria della meccanica corrente, ma è superata da questa nel campo delle applicazioni» (E. MACH, *La meccanica nel suo sviluppo storico-critico*, Torino 1977, pp. 276-277).

muoversi; con un ritardo di un anno invece se a muoversi è il magnete. Si noti che a causa della *p. alfa*, caratteristica fondamentale del *localismo*, ciò si manifesta anche con qualunque altro tipo di campo diverso da quello "perturbatorio" qui esaminato. In parole elementari: non esiste alcuna teoria di campo al mondo che possa evitare questo ritardo *asimmetrico*.

D'altra parte, secondo la teoria di Einstein, non può esistere nessuna distinzione osservabile tra il movimento dell'uno o dell'altro. A rigore bisognerebbe affermare che il "ritardo" o l'immediatezza dovrebbero essere identiche in entrambi i casi. A questo punto ci sembra di sentire la pronta difesa del "relativista smaliziato": esisterebbe sì il ritardo, ma non sarebbe osservabile a causa dell'impossibilità di inviare un messaggio che lo preceda. Verrebbe così ad avverarsi uno strano fenomeno nella storia del pensiero scientifico: la nascita di una (seconda) teoria (Einstein) che per cancellare l'artefatta «cospirazione della Natura» a celare il moto assoluto "che c'è ma non si vede" della prima (Lorentz), deve a sua volta – la seconda – celare quel *ritardo asimmetrico* "che c'è ma non si vede" dato dal moto della sorgente! Senza contare la contraddizione con una parte importante dell'affermazione di Einstein prima citata: «i fenomeni elettrodinamici, al pari di quelli meccanici, *non possiedono proprietà* corrispondenti all'idea di quiete assoluta».

Un convinto relativista potrebbe ancora dire, tuttavia, che qui non siamo in presenza di "veri" moti inerziali. Avremmo a questo punto una "sismica" risposta (o, meglio, domanda): cosa bisogna intendere per moti inerziali "veri"? Forse che questi non dovrebbero avere un principio, un cominciamento, una genesi?[148]

Si supponga di avere un sistema simile a quello mostrato nella

---

[148] Chi scrive ha preso coscienza da tempo che il nocciolo della problematica relativistica sta proprio in queste domande: rispondere ad esse significa aver trovato il "filo di Arianna" per arrivare ad una soluzione finale. Si veda a questo riguardo, del presente autore, *Il terzo osservatore: analisi critica del concetto di relatività del moto e di sistema inerziale*, già citato.

figura 1, dove due piattaforme rotanti identiche di raggio r e ad una distanza h l'una dall'altra montano alle rispettive periferie, l'una un magnete, e l'altra una spira (collegata ad un galvanometro o generico indicatore di corrente).

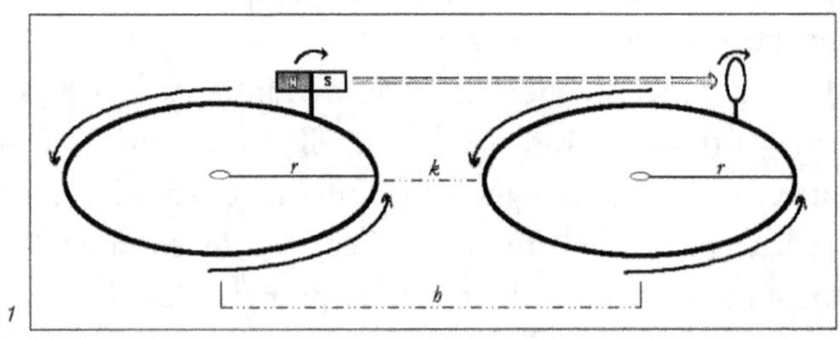

Fig. 1

Supponiamo anche che il magnete e la spira siano connessi con uno speciale meccanismo che consenta di far fare loro una rotazione inversa sul loro asse per ogni giro di "rivoluzione" intorno al centro del disco avente velocità angolare w, in modo che la "geometria" relativa al sistema magnete-spira sia invariante, così come lo è la loro distanza quando la facciamo coincidere con r. Avremmo in questo modo realizzato quello che potremmo definire *co-moving rotatorio complanare*.

Ora a causa della *p. alfa* del campo rileveremmo durante il moto una corrente alternata di frequenza w ai capi della spira, La prevedibile obiezione sollevabile dal relativista, che un simile *co-moving* essendo non inerziale non apparterrebbe alla relatività ristretta (TRR), verrebbe facilmente smorzata dalle seguenti osservazioni: [1] - che la TRR abbia un campo fenomenologico limitato ai soli moti inerziali è una questione dibattuta e per niente risolta; [2] - se non è compito della TRR analizzare una fenomenologia di questo tipo, a chi spetterebbe il compito? Alla TRG?; [3] - avvalendoci del principio di equivalenza possiamo immaginare il sistema magnete-spira fermo, soggetto a dei campi di forze inerziali (o, come si suol dire, a dei campi gravitazionali) del tutto simmetrici: come spiegare la asimmetria elettrodinamica, la

154

sua origine e la correlazione con i campi gravitazionali?; [4] - se si immagina l'esperimento nel vuoto più assoluto e privo di materia (del tipo "esperimento ideale delle due masse fluide *à la Mach*" per intenderci), il *principio di ragion sufficiente* usato così efficacemente da Einstein[149], a causa della perfetta simmetria spaziale e temporale degli effetti inerziali, non lascia margini di "gioco" a qualunque effetto asimmetrico; [5] - il principio causale – l'effetto è proporzionale alla causa – garantisce che se la causa dell'asimmetria elettrodinamica è la presenza di forze non inerziali nell'intorno del magnete e della spira, qualora le une dovessero variare dovrebbe verificarsi una proporzionale e parallela modificazione delle altre: ora, se lasciamo la velocità angolare w costante e variando il raggio r di ciascuna piattaforma insieme alla distanza h, in modo che il rapporto h/r rimanga costante (essendo k trascurabile rispetto ad h), otteniamo sì una variazione delle forze inerziali agenti sul sistema magnete-spira (aumentando r possiamo indebolirle a piacimento), ma senza proporzionalità con gli effetti elettrodinamici presenti sulla spira (quest'ultimi dipendono dal rapporto h/r).

Possiamo estendere l'esperimento in modo da recuperare parte dell'"inerzialità" del moto. Si veda la *figura 2*.

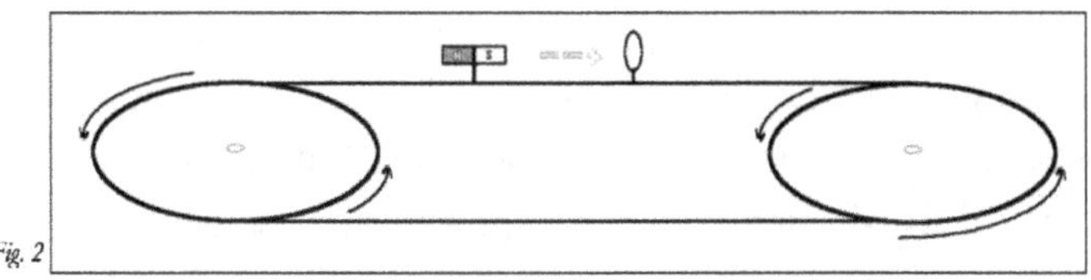

Fig. 2

Questo si differenzia dall'esperimento precedente per il nastro collegante le due piattaforme rotanti e per la posizione del sistema magnete-spira che non è ancorato a queste ma al nastro. Giocando sui parametri h, r, w e k (quest'ultimo relazionato adesso alla distanza magnete-spira) possiamo aumentare a piacimento la

---

[149] Cfr. ad esempio A. EINSTEIN, *Principe de relativité et ses conséquences dans la physique moderne*, "Archives des sciences physiques et naturelles", ser. 4, vol. 29.

frazione inerziale a discapito di quella non-inerziale.

Possiamo dire in generale che la *p. alfa* del campo mostra i suoi effetti ogni qualvolta che si ha una variazione delle condizioni cinematiche della sorgente. E siccome è una caratteristica esclusiva della sorgente, che nasce dalla variazione del suo moto rispetto al campo ("terzo corpo") e non rispetto all'osservatore, dobbiamo aspettarci che in tutti i moti cinematicamente asimmetrici rispetto al campo ma simmetrici rispetto al sistema sorgente-osservatore debbano manifestarsi degli effetti elettromagnetici. In altre parole, deve esistere una violazione relativistica fenomenica (nel senso originario di "relativismo tra sorgente e osservatore"; si ricordi l'affermazione base di Einstein: «il fenomeno osservabile dipende... solo dal moto relativo del magnete e conduttore») ogniqualvolta il sistema invariante sorgente-osservatore sia affetto da forze non inerziali. Ad ogni accelerazione del sistema, per esempio, seguirà sempre una manifestazione fenomenica avente un ritardo t.

Così, per citare dei casi concreti, se fissiamo il magnete e la spira sopra un sostegno rigido e poniamo il tutto all'interno di una scatola, magari facendo vedere fuori soltanto l'indicatore di corrente collegato alla spira, dovremmo vedere (se la sensibilità dell'indicatore lo permette) l'ago muoversi (se analogico) o il display variare (se digitale) ogniqualvolta scuotiamo la scatola. Qualora supponessimo di collocare questa, all'interno di un orologio a pendolo, al posto del "peso" del pendolo, l'indicatore segnalerebbe allora, ad ogni oscillazione di questo, il passaggio di corrente elettrica . Se ci proponessimo di far girare la scatola (fissandola ad esempio sulla punta di un trapano), dovremmo assistere, ancora una volta, alla manifestazione di effetti elettrodinamici.

Un esperimento simile è stato compiuto recentemente da A.G. Kelly[150], è comprova perfettamente le nostre riflessioni, anche se in

---

[150] A.G. KELLY, *Experiments on Faraday's Law and the Relative Motion of Conductors and Magnets*, preprint. Il presente autore desidera ringraziare qui il Prof. Franco Selleri per la segnalazione datagli a questo riguardo.

questo caso – essendo il conduttore che deve essere visto muoversi dentro il campo a causa del movimento del tutto singolare del magnete: una rotazione intorno all'asse Nord-Sud – è opportuno trattarlo nella prossima "phenomenology".

[b] - *Beta* phenomenology.

La *p. beta* del campo è la caratteristica più «chiara e distinta» – usando celebri aggettivi cartesiani – per il nostro intuito: essa rivela infatti, grazie alla totale indipendenza del campo dal sistema sorgente-osservatore, quel "terzo corpo" (facente le veci del "corpo Alfa" di C. Neumann, relativamente però ai fenomeni elettromagnetici locali), quel punto di riferimento *fatale* per la relatività einsteiniana. La fenomenologia che noi "appendiamo" alla *p. beta* è necessariamente collegata anche alla precedente: è solo per ordine di priorità che usiamo questa collocazione.

L'esperimento di Kelly dimostra in modo inequivocabile la presenza del "terzo corpo". Si tratta di un apparato composto di due motori collegati rispettivamente ad un elettromagnete e a un disco di alluminio. Facendo girare indipendentemente il magnete (lungo l'asse Nord-Sud) o il disco o tutte e due insieme (senza alcun moto relativo fra loro) si misura la differenza di potenziale tra la periferia del disco e il suo asse tramite due spazzole di grafite. Ecco le conclusioni delle sperimentazioni così come riportate da Kelly: «(1) - The rotation of a conductor on the North-South axis of a nearby magnet (or solenoid) causes a charge upon the conductor. (2) - The rotation of a magnet upon its North-South axis causes no charge upon a nearby stationary conductor. (3) - Rotation of a conductor-cum-magnet assembly upon the same axis causes a current in the circuit, which is similar to case (1). This is despite the fact that there is no relative motion between the magnet and conductor». Come si vede distintamente, qui gli effetti si manifestano solo dal moto del conduttore relativo al campo e non al magnete: più chiaro di così...

Il modo più convincente per "testare" la *p. beta* rimane

comunque la modalità del meccanismo base dell'effetto Doppler[151]. Si pensi ad una sorgente luminosa in avvicinamento rispetto all'osservatore, è evidente come a causa della *p. beta* la lunghezza d'onda debba contrarsi. La TRR afferma però che è improprio parlare in questo modo, in quanto non ha senso affermare che è la sorgente ad avvicinarsi e non l'osservatore, favorendo la dimostrazione di ciò con l'unifenomenismo dato da un'unica formula matematica, valevole identicamente sia per il moto della sorgente che per quello dell'osservatore (quando si parla dell'economia machiana!). D'altra parte la citata formula non cambia se il moto della sorgente passa da "gnoseologicamente indeterminato" a "determinato"[152]: se noi precisiamo la genesi (cioè la causa) dell'avvicinamento dei due corpi, dicendo, ad esempio, che abbiamo dato una spinta alla sorgente mentre questa era relativamente in quiete rispetto all'osservatore, il relativista sosterrà – nonostante che il moto stavolta sia "gnoseologicamente determinato" – un'invarianza dell'effetto, data a sua volta da un'invarianza della causa: ciò che conta è il moto relativo tra sorgente e osservatore; è questa la causa. Viene tradito così il mascheramento di una contraddizione intrinseca della teoria. Il relativista, invero, se in questo caso segue una coerenza machiana, la contraddice subito dopo quando accetta la realtà dell'"effetto gemelli"[153]. Nella spiegazione relativista dell'effetto gemelli infatti, si arriva ad ammettere che in questo caso è il reale moto del gemello che parte in viaggio che conduce all'asimmetria del tempo. Si avrebbe in questo modo la curiosa rottura della covarianza per lo

---

[151] Per un approfondimento si veda *L'effetto Doppler antirelativistico*, del presente autore.

[152] I concetti di "moto gnoseologicamente determinato" e "... indeterminato" partono da riflessioni del presente autore. Una loro analisi si trova in *Il terzo osservatore...* e in *Sillogismo di Dingle...*, già citati.

[153] Uno studio dettagliato dell'aspetto antirelativistico del *paradosso dei gemelli* si trova nel già citato *Sillogismo di Dingle, "Twin and Clock Paradoxes" e analfabetismo filosofico*, del presente autore.

"scorrere del tempo" da una parte, covarianza intatta invece per tutta la rimanente parte degli effetti relativistici (elettromagnetici, ottici, Doppler, ecc... e, udite udite, contrazione di Lorentz compresa: nessuno ha mai parlato infatti di asimmetrie in questo campo)!

Un'altra interessante manifestazione della *p. beta* è nel *co-moving*. Siano dati, ad esempio, un magnete e una spira connessi su un supporto rigido. Come abbiamo già visto nell'*alfa phenomenology*, se il sistema magnete-spira possiede moto variamente accelerato, si hanno effetti elettrodinamici. Qui vorremmo puntualizzare che anche se "addomesticassimo" il moto, rendendolo "quasi-inerziale", passando ad esempio dal movimento inerziale iniziale ad un'altro che possa essere discriminato gnoseologicamente dal primo per una differenza di velocità v (procurata, ad esempio, con un impulso lungo l'asse magnete-spira), si deve ugualmente manifestare l'effetto di una corrente elettrica nella spira a causa dell'interazione di quest'ultima col campo residuo iniziale. L'effetto avrebbe quindi una durata h/c dove h è la distanza che separa il magnete dalla spira: ancora una volta saremmo in presenza di un fenomeno in certo modo estraneo alla casistica relativistica a causa della durata dell'effetto completamente manovrabile (dipendendo questa da h) a dispetto della stessa causa (stesso impulso). Se per esempio la distanza tra il magnete e la spira è di un anno luce, allora con un "semplice" impulso di un secondo avente forza F, avremmo garantito per un anno il passaggio di una corrente i nella spira[154].

Ma c'è di più! Secondo Einstein, qualora dovesse ammettere la durata h/c dell'effetto appena citato, per ragioni di "simmetria-relativistica", questa dovrebbe essere esattamente uguale, sia se il

---

[154] Astraendo dalla fisica del particolare materiale del supporto e usando la nozione di corpo rigido al solo fine di esemplificare l'esperimento ideale. Diversamente avremmo, a discapito del relativista che vorrebbe cogliere in ciò il punto debole dell'argomentazione, delle asimmetrie aggiuntive certo non favorevoli ad osservazioni contrarie. Cfr. la nota successiva.

movimento avvenga col magnete "in poppa" che, al contrario, se "in prua". In altri termini, è del tutto indifferente per la TRR decidere su quale direzione deve avvenire l'impulso: l'effetto è del tutto identico; tanto che se non esistesse nessun'altra massa nell'universo non sarebbe possibile decidere da ciò quale direzione abbia il sistema magnete-spira (caso esemplare questo, dell'effetto/peso "principio ragion sufficiente" sulla genesi e guida di questa teoria). D'altra parte, se questo "terzo corpo" di riferimento esiste (e qui non c'è "contrazione" che tenga), si deve poter manifestare un'asimmetria sulla durata dell'effetto, dipendentemente se il sistema magnete-spira viaggia in modo concorde al campo o "controcorrente". Infatti, nel momento del cambio di velocità del sistema, deve essere ammessa una "frattura" del gradiente del campo (o perturbazione). Ora per il fatto che, se avessimo spostato il solo magnete (ad esempio avvicinandolo verso la spira con una repentina accelerazione e conseguente decelerazione, in modo da ristabilire la quiete relativa) avremmo avuto il cambio del vecchio potenziale col nuovo a causa dell'avvenuta modifica di h, ma questo non prima del tempo di ritardo h/c, se nel frattempo dell'arrivo della perturbazione movessimo la spira (ecco l'indipendenza "veicolata" dalla *p. beta*) avremmo un risultato equivalente a quello del caso nel quale a parità di movimento di questa non avessimo mai spostato il magnete. Da qui la conseguenza che se il *co-moving* avviene in modo tale che la spira si avvicini alla posizione iniziale del magnete, accorciando la distanza da questa il nuovo potenziale si farà sentire prima – con la cessazione del passaggio di corrente nella spira – che non viceversa allontanandosi (qualora tenessimo conto della trasmissione dell'impulso all'interno del supporto, creeremmo solo ulteriori difficoltà alla tentabile neutralizzazione relativistica)[155].

---

[155] Supponendo che l'impulso all'interno del supporto viaggi con velocità c, ci troveremmo ad avere otto casi distinti a seconda del punto di applicazione di questo: [1] - l'*a.i.* (applicazione dell'impulso) avviene dalla parte del magnete verso la spira (naturalmente, e questo vale per tutti i casi, lungo l'asse): si ha assenza di corrente sia prima che dopo il ritardo h/c; [2] - l'*a.i.* avviene in verso

[c] - *Gamma* phenomenology.

Se nel *co-moving* precedente consideriamo anche la *p. gamma*, il fatto cioè che il campo manifesti un gradiente, allora abbiamo un ulteriore metodo per stabilire in quale direzione il sistema magnete-spira si muova rispettivamente all'asse. Infatti, prendendo in considerazione per un attimo solo la spira astraendola dal sistema, se questa si avvicina al magnete allora si ha un passaggio della corrente in un verso, se si allontana il passaggio avviene per il verso opposto (cioè con polarità invertita). Ora bisogna tenere in mente che la spira non "vede" il magnete, ma "vede" solo il campo nell'immediata vicinanza: in altre parole, "annusa" solo il verso del gradiente. Diretta conseguenza da ciò è che se il sistema si muove in un verso avremo una corrente fluente nella spira manifestante una precisa polarità, se il sistema si muove nel verso opposto avremo l'inversione della corrente e, quindi, della polarità.

---

opposto, dalla parte della spira: si ha un passaggio di corrente (*p.c.*) subitaneo all'impulso e della durata $2h/c$; [3] - l'*a.i.* avviene dalla parte della spira ma col verso in direzione opposta al magnete (ad esempio tirando il sistema tramite una corda): si ha un *p.c.* subitaneo con durata $2h/c$; [4] - l'*a.i.* avviene dalla parte del magnete, "tirandolo" in verso opposto alla spira: similmente al caso (1) non si manifesta nessun *p.c.*; [5] - l'*a.i.* avviene su un punto intermedio del supporto – prendiamo il caso particolare del punto di mezzo, dove è indifferente spingere o trainare – nel verso spira-magnete: dopo un ritardo di $(1/2)\,h/c$ si ha un *p.c.* di durata h/c (per la precisione $h/(c\text{-}v)$, dove v è la velocità del sistema rispetto "all'istantanea" del centro del campo subito prima che fosse perturbato; tale velocità coincide con $v = (Ft)/m$, dove Ft è l'impulso trasmesso, ed m è la massa del sistema magnete-spira); [6] - l'*a.i.* come nel caso (5) ma in verso opposto (spira-magnete): si ha un'effettistica identica al caso (5) ma col particolare, se teniamo conto di v, di avere un *p.c.* di durata $h/(c\text{+}v)$; [7] l'*a.i.* avviene "simultaneamente" (per esempio per un terzo osservato situato esattamente alla metà del sistema) nei due punti del magnete e della spira (si può pensare addirittura di eliminare il supporto materiale e di dotare il magnete e la spira di un razzo ciascuno separati da una distanza h) e nel verso magnete-spira: si ha subitaneamente un *p.c.* di durata $h/(c\text{+}v)$; [8] - l'*a.i.* avviene come nel caso precedente ma con verso opposto: si ha un subitaneo *p.c.* di durata $h/(c\text{-}v)$. Come si vede, tutta questa asimmetrica fenomenologia non facilita di certo una possibile spiegazione relativistica.

Se dunque ci trovassimo in un universo con un solo sistema magnete-spira e nessun'altra cosa all'infuori della realtà del campo, se h fosse sufficientemente grande e noi localizzati vicino alla spira ci fossimo svegliati di soprassalto per un'improvvisa variazione di velocità, pur non riuscendo a vedere il magnete per la grande distanza sapremmo da quale parte si trovi controllando il verso della corrente circolante nella spira. Potremmo così anche discriminare velocità e verso del sistema rispetto al (vecchio) campo.

9. Conclusioni

«Fin quando abbiamo seguito l'idea della relatività entro il pensiero fisico, abbiamo trovato che essa faceva riferimento soltanto ai movimenti. Se effettivamente questi, senza eccezione, sono relativi, allora sistemi di coordinate che si muovono l'uno rispetto all'altro in un modo del tutto arbitrario sono equivalenti, e lo spazio ha perso la sua obiettività in quanto non è possibile definire in relazione ad esso alcun movimento o accelerazione»[156]. Così Schlick nel 1922 chiariva lo "spirito fondamentale" della relatività di Einstein: eliminare occamisticamente il mezzo in quanto non più esso riferimento dei corpi ma i corpi stessi. Era la grande idea di Mach. Così l'*azione a distanza* cacciata via con Maxwell dalla porta, rientrava sotto nuova veste relativistica dalla finestra. Per quanto Einstein dicesse a parole di essere *localista*, e probabilmente lo era col cuore, in realtà la sua teoria doveva portare all'*antitesi* di ciò. Strano il destino: si diceva Einstein cartesiano[157], e in qualche modo la sua seconda teoria, con la terza, poteva valorizzare ciò... Ma la prima – scavalcando Maxwell – conduce dritto a Newton!

La teoria di Maxwell «must be thought of as valid in a *given* reference frame R, the "aether frame"»[158]. Inoltre questa, a differenza

---

[156] MORITZ SCHLICK, *Spazio e tempo nella fisica contemporanea*, Napoli 1983, p. 59.

[157] Si veda, ad esempio, *La relatività e il problema dello spazio* (1952), in A. EINSTEIN, *Relatività: esposizione divulgativa*, Torino 1967.

[158] U. BARTOCCI - M. MAMONE CAPRIA, *Symmetries and Asymmetries in Classical*

di quella di Einstein, «predicts strongly asymmetric behaviour for very simple interactions»[159].

Questo nostro tentativo vorrebbe non tanto o non solo evidenziare una incompatibilità tra la fisica relativistica e – con le parole di Hertz – "il sistema delle equazioni di Maxwell", nel quale si possono apportare a nostro avviso notevoli correzioni, quanto piuttosto rilevare le contraddizioni intrinseche che velatamente si anniderebbero nella teoria di Einstein a causa della "tragica svista" di questi verso lo "sfondo descrittivo enorme" – per citare Bridgman – della struttura concettuale di Maxwell.

---

and Relativistic Electrodynamics, "Foundations of Physics", Vol. 21, No. 7, 1991, p. 791.

[159] «In altre parole, l'elettromagnetismo di Maxwell non è affatto "relativistico" come i fisici oggi insegnano, ma lo diventa soltanto quando i suoi parametri essenziali vengono definiti in modo relativistico, il che allora toglie ogni possibilità di confronto tra *due* teorie che sono invece essenzialmente diverse» (U. BARTOCCI, *Albert Einstein...*, *Op. cit.*, nota 31).

Bibliografia

AGAZZI E., *Introduzione*, in MAXWELL, *Trattato di elettricità e magnetismo*, cfr. *infra*.

ARISTOTELE, *Metafisica*, Milano 1994.

BARBOUR J.B., *Absolute or Relative Motion?*, vol. 1, Cambridge 1989.

BARTOCCI U., *Albert Einstein e Olinto De Pretto: la vera storia della formula più famosa del mondo*, Bologna 1999.

BARTOCCI U. - MACRì R.V., *Il linguaggio della matematica*, «Episteme», 5, 2002.

BARTOCCI U. - MAMONE CAPRIA M., *Symmetries and Asymmetries in Classical and Relativistic Electrodynamics*, «Foundations of Physics», Vol. 21, 7, 1991.

BELLONE E., *Introduzione*, in KELVIN, *Opere*, cfr. *infra*.

BERGIA S., *Einstein e la relatività*, Roma-Bari 1980.

BERGIA S. - VALLERIANI M., *Relatività Ristretta: convenzione o nuova concezione del mondo?*, «Giornale di fisica», XXXIX, 4, 1998.

BONIOLO G. [ed.], *Filosofia della fisica*, Milano 1997.

BONIOLO G. - DORATO M., *Dalla relatività galileiana alla relatività generale*, in BONIOLO [ed.] *Filosofia della fisica*, cfr. *supra*.

BORN M., *La sintesi einsteiniana*, Torino 1969.

BREGER H., *Symmetry in leibnizean physics*, in "The Leibniz Renaissance", *international workshop*, Firenze 2-5 giugno 1986.

BRIDGMAN P.W., *Le teorie di Einstein e il punto di vista operativo*, in SCHILPP, *Einstein, scienziato e filosofo*, cfr. *infra*.

BRIDGMAN P.W., *La logica della fisica moderna*, Torino 1965.

CANTONE M., *Discorso inaugurale*, "I fondamenti odierni della fisica", *congresso* S.I.P.S., 1924.

CARTESIO, *Opere filosofiche*, vol. I a cura di E. Garin, Roma-Bari 1991.

CASINI P., *Newton e la coscienza europea*, Bologna 1983.

CASSIRER E., *Sulla teoria della relatività di Einstein*, Firenze 1973.

CASSIRER E., *Teoria della relatività di Einstein*, Roma 1997.

CHANDRASEKHAR S., *Verità e bellezza. Le ragioni dell'estetica nella scienza*, Milano 1990.

CHANGEUX J.P. - CONNES A., *Pensiero e materia*, Torino 1991.

COTTINGHAM J., *Cartesio*, Bologna 1991.

DIJKSTERHUIS E.J., *Il meccanicismo e l'immagine del mondo*, Milano 1980.

DINGLE H., *The case against the special theory of relativity*, «Nature», January 6, 1968.

DINGLE H., *Science at the Crossroads*, London 1972.

EDDINGTON A.S., *Spazio, tempo e gravitazione*, Torino 1971.

EINSTEIN A., *L'elettrodinamica dei corpi in movimento* (1905), in EINSTEIN, *Opere scelte*, cfr. *infra*.

EINSTEIN A., *Principe de relativité et ses conséquences dans la physique moderne*, «Archives des sciences physiques et naturelles», ser. 4, vol. 29, 1910.

EINSTEIN A., *La relatività e il problema dello spazio* (1952), in EINSTEIN, *Relatività: esposizione divulgativa*, cfr. *infra*.

EINSTEIN A., *Relatività: esposizione divulgativa*, Torino 1967.

EINSTEIN A., *Note autobiografiche*, in SCHILPP, *Einstein, scienziato e filosofo*, cfr. *infra*.

EINSTEIN A., *Autobiografia scientifica*, Torino 1979.

EINSTEIN A., *Opere scelte*, a cura di E. Bellone, Torino 1988.

EINSTEIN A. - INFELD L., *L'evoluzione della fisica*, Torino 1965.

FEUER L.S., *Einstein e la sua generazione*, Bologna 1990.

FEYNMAN R., *La legge fisica*, Torino 1971.

FRANK P., *Einstein, Mach e il positivismo logico*, in SCHILPP, *Einstein, scienziato e filosofo*, cfr. *infra*.

GAMOW G., *Trent'anni che sconvolsero la fisica*, Bologna 1966.

GILMORE R., *Alice nel paese dei quanti*, Milano 1996.

GIORELLO G. - MARINI S. [edd.], *Parabole e catastrofi - Intervista su Matematica Scienza Filosofia*, Milano 1980.

GIORGI G., *Il problema del moto assoluto nelle leggi fondamentali della dinamica*, «Rend. circolo mat. di Palermo», XXXIV, 1912.

HARMAN P.H., *Energia, forza e materia*, Bologna 1984.

HESSE M.B., *Forze e campi. Il concetto di azione a distanza nella storia della fisica*, Milano 1974.

HOLTON G., *Einstein e la cultura scientifica del XX secolo*, Bologna 1991.

INFELD L., *Albert Einstein*, Torino 1952.

KELLY A.G., *Experiments on Faraday's Law and the Relative Motion of Conductors and Magnets*, preprint.

KELVIN (W. Thomson), *Opere*, Torino 1971.

KOSTRO L., *Einstein e l'etere*, Bologna 1988.

KOYRÉ A., *Studi newtoniani*, Torino 1983.

LANDAU L. - RUMER G.B., *Che cosa è la relatività?*, Roma 1981.

LEIBNIZ G.W., *Scritti filosofici*, 2 voll., Torino 1967.

LEIBNIZ G.W., *La monadologia*, Firenze 1970.

LEVI F.A., *Esplorazione del tempo e dello spazio*, Milano 1981.

MACH E., *La meccanica nel suo sviluppo storico-critico*, Torino 1977.

MACRì R.V, *La fisica unifenomenica cartesiana e il punto debole dell'IA forte*, «Episteme», 4, 2001.

MACRì R.V., *Sillogismo di Dingle, "Twin and Clock Paradoxes" e analfabetismo filosofico*, preprint.

MACRì R.V., *Simmetrie forzate e simmetrie infrante nella Teoria di Einstein*, in prep.

MACRì R.V., *Einstein e il principio di ragion sufficiente*, in prep.

MACRì R.V., *Il terzo osservatore: analisi critica del concetto di relatività del moto e di sistema inerziale*, in prep.

MACRì R.V., *L'effetto Doppler antirelativistico*, in prep.

MAXWELL J.C., *Campo ed etere*, in A. EINSTEIN, *Relatività: esposizione divulgativa*, Torino 1967.

MAXWELL J.C.., *Trattato di elettricità e magnetismo*, a cura di E. Agazzi, Torino 1973.

MESCHKOWSKI H., *Mutamenti nel pensiero matematico*, Torino 1973.

NEWTON I., *Scritti di Ottica*, a cura di A. Pala, Torino 1978.

PAULI W., *Teoria della Relatività*, Torino 1974.

PERUZZI G., *Maxwell: dai campi elettromagnetici ai costituenti ultimi della materia*, Milano 1998.

POINCARÉ J.H., *Scritti di fisica-matematica*, a cura di U. Sanzo, Torino 1993.

POLANYI M., *La conoscenza personale. Verso una filosofia post-critica*, Milano 1990.

PYENSON L., *The young Einstein - The advent of relativity*, Bristol and Boston, 1985.

RIZZI G., *Dalla cinematica classica a quella relativistica: nascita di un paradigma*, in "Nuove risposte ai problemi della relatività", *international workshop* , Cesena 15 febbraio 1999.

SANZO U., *Introduzione*, in POINCARÉ, *Scritti di fisica-matematica*, cfr. *supra*.

SCHILPP P.A. [ed.], *Einstein, scienziato e filosofo*, Torino 1958.

SCHLICK M., *Spazio e tempo nella fisica contemporanea*, Napoli 1983.

SELLERI F. [ed.], *Open Questions in Relativistic Physics*, Montreal 1988.

SELLERI F., *Il principio di relatività e la natura del tempo*, «Giornale di fisica», XXXVIII, 2, 1997.

SOMIGLIANA C., *I fondamenti della relatività*, «Scientia», 34, 1923.

TODESCHINI M., *La teoria delle apparenze*, Bergamo 1949.

TODESCHINI M., *Psicobiofisica*, Torino 1978.

TYAPKIN A.A., *On the History of the Special Relativity Concept*, in SELLERI [ed.], *Open Questions in Relativistic Physics*, cfr. *Supra*.

TYAPKIN A.A., *Relatività speciale*, Milano 1993.

VAN FLANDERN T., *What the Global Positioning System Tell Us about Relativity*, in SELLERI [ed.], *Open Questions in Relativistic Physics*, cfr. *Supra*.

VARELA F.J., *Un know-how per l'etica*, Roma-Bari 1992.

WHITEHEAD A.N., *La scienza e il mondo moderno*, Milano 1945.

WHITTAKER E.T., *From Euclid to Eddington*, Cambridge 1949.

Sull'aspetto solipsistico della teoria della relatività

Rocco Vittorio Macrì

1. Esiste più di una "tipologia" di *affermazioni contraddittorie* (AC).

[a] Definiamo, per comodità, come *apparente* quella classe di AC che possono essere parte di un'unità che contempla entrambe come vere e non contraddittorie. Un esempio potrebbe essere uno speciale ologramma guardato da due osservatori distanti fra di loro di un certo angolo (rispetto all'ologramma), tale da far vedere ad ogni osservatore un elemento diverso dell'ologramma. Così un osservatore potrebbe affermare "è rosso", mentre l'altro potrebbe dire "è verde". L'apparente contraddizione potrebbe essere superata prendendo in considerazione che l'ologramma è rosso e verde nello stesso tempo, dipendendo il colore soltanto dall'angolazione con cui viene osservato.

[b] Definiamo come *consistenti* AC la cui "soluzione" non è né l'affermazione A né l'affermazione B, ma una terza C. Un esempio potrebbe essere il "dualismo onda-corpuscolo" dove una particella sembra avere proprietà ondulatorie e un'onda sembra avere proprietà corpuscolari: potrebbe esistere un "retroscena" nascosto che fa apparire queste proprietà apparentemente contraddittorie. Da notare comunque che per "l'immagine" che abbiamo di onda e di corpuscolo la contraddizione, se non è utilizzata l'ipotesi del retroscena, è consistente.

[c] Definiamo, infine, come "reali" quelle AC intrinsecamente irriducibili ("sballando" altrimenti la stessa logica). Queste devono popolare un insieme non vuoto, altrimenti arriveremmo all'assurdo che non esistono contraddizioni (facendo crollare così gli edifici interi della logica e della matematica). Un esempio potrebbe essere

A{x<3} e B{x>3}. E' chiaro che x non può essere nello stesso tempo minore e maggiore di 3; per cui o è vera A, o è vera B, o né A né B.

2. I "peli nell'uovo" possono venire a galla per le AC "apparenti" e al massimo per quelle "consistenti" (perché aventi un campo epistemico relativo e "opaco" fra i due osservatori: ad esempio, nel primo caso citato, l'osservatore A può affermare [a] "è rosso", [b] "vedo rosso", [c] "dalla mia posizione è rosso", [d] "dalla mia posizione vedo rosso", ecc.) ma non con quelle "reali" (perché "frantumanti" altrimenti edifici enormi nascosti e impliciti: cosa cadrebbe, ad esempio, se affermassimo che x è minore di 3 e maggiore di 3?).

3. E veniamo adesso al nostro esperimento mentale. Due astronavi perfettamente identiche sono affiancate con la punta in verso opposto, senza alcun moto relativo fra di loro, formanti un sistema di riferimento galileiano in uno spazio omogeneo e isotropo (omogeneità e isotropia spaziale in realtà non sarebbero necessarie per ottenere quello che ci prefiggiamo; sono un aiuto prezioso tuttavia per aumentare la trasparenza dell'esposizione). Ad un certo punto si mettono d'accordo di accendere un razzo (perfettamente identico) per ogni astronave in modo da avere la stessa spinta, la stessa accelerazione in direzione opposta, e la stessa velocità (vettorialmente: stesso modulo, stessa direzione, verso opposto). Uno stesso programma di volo (tranne che per il verso) installato nel computer di bordo di ogni astronave pilota queste in modo esattamente simmetrico, facendo sì ad esempio che alla fine della combustione del razzo se ne accendano altri che provochino una curva ad U di 180° ad ogni astronave fino a farle rincontrare nel punto di partenza (il quale anche questo non sarebbe necessario, ma gioca un ruolo importante per la trasparenza che ci siamo prefissati). Volendo possiamo pensare di lasciare al momento della partenza una barra "segna-spazio" nello stato di quiete in cui si trovano le astronavi prima di partire, parallela ad esse, in modo tale da garantirci che il punto dell'incontro è esattamente identico a quello della partenza (si può addirittura pensare di effettuare le due curve simmetriche - una per ogni astronave, originate da un programma di volo identico tranne che per il verso: per le x positive l'una, e per quelle negative l'altra - sotto la supervisione di un'astronave madre ferma ad un'altezza y esattamente al centro delle due rispettive curve).

Ed ecco la domanda cruciale: prima (quando non erano in moto relativo fra di loro) le astronavi erano della stessa lunghezza (non ci interessa sapere quanto ma solo, "digitalmente", che erano di uguale lunghezza), lo saranno adesso, in movimento, al momento dell'incontro? La domanda non è se hanno la stessa lunghezza di prima, ma se hanno un'uguale lunghezza fra di loro.

La forza di quest'esperimento sta nella sua completa simmetria. La simmetria porta la posizione delle possibili contraddizioni da "apparenti" o "consistenti" a "reali".

4.   Quale valore può avere una possibile "neutralizzazione" relativistica del paradosso (che, ci teniamo a sottolineare, è reale e non apparente) che scaturisce dalla domanda appena formulata? La Teoria della Relatività può avere all'interno tutte le cose strane e magie di questo mondo ma non può dichiararsi scientifica e "addomesticare" le AC reali allo stesso tempo: le contraddizioni non sono apparenti, come vorrebbero farci credere i relativisti, ma reali; esse sono insuperabili e non appianabili. Vorremmo appunto rendere più esplicito il campo epistemico presente in tutto ciò, quello che per un filosofo ha una tale evidenza, priorità e consistenza che "non si sporcherebbe le mani (o le meningi)" per "moviolizzarlo".

Vedremo che il tentativo di far rientrare l'esperimento mentale sopra menzionato sotto la classe delle AC apparenti porta la stessa Teoria ad un confinamento solipsistico e per niente scientifico.

5. Dovremmo accettare (senza fiatare) la possibile risposta dei relativisti che una volta messi in moto le lunghezze delle due astronavi non "risulteranno" mai più uguali (a meno che non si fermino) come lo erano all'inizio? E come dire che due persone (A e B) ferme tra di loro hanno uguale peso per le bilance a disposizione di ognuno, e che però quando sono in movimento (esatta quantità di valore dato dalle identiche accelerazioni) la bilancia di A segnala, ad esempio, 7 grammi in meno nel pesare B, e contemporaneamente la bilancia di B segnala 7 grammi in meno nel pesare A. Ora se un relativista afferma che bisogna attenersi alle bilance (cioè ai dati di osservazione) e che quindi, per A, B pesa 7 grammi in meno e, per B, A pesa 7 grammi in meno e questo è tutto ciò che si può dedurre e conoscere scientificamente... è ragionevole se A non può sapere cosa misura B, e B non può sapere cosa misura A; ma nel momento che A conosce la genesi, la simmetria e la misura effettuata da B e viceversa, questo non può essere buttato nel dimenticatoio annullando la parte parmenidea a favore di quella operazionistica: cioè l'indeterminazione ontologica non può più venir creata o scusata dall'indeterminazione gnoseologica. In altri termini si tratta di esperimenti diversi: una cosa è che A non sa cosa misura B e viceversa, un'altra ben diversa è invece se A e B conoscono o sono informati delle misure effettuate dall'altro. In quest'ultimo caso infatti si può arrivare (ed è molto più ragionevole) a pensare che sono le bilance ad avere un comportamento anomalo, falsificando le misure, piuttosto che le misure siano proprio quelle osservate (uno dei tanti talloni d'Achille dell'operazionismo è infatti proprio il fatto che non si può effettuare una misura senza uno strumento di misura, quindi le variabili sono due: la misura e lo strumento per la misura; ora, al momento di una

anomalia [cioè se invece di 5 trovo 7], perché mai si dovrebbe assumere lo strumento come costante [cioè ritenendo degno il 7, invece che come variabile]?).

6. Portando all'estremo la posizione relativistico-operazionista (cioè che quello che so è quello che vedo) diventa inevitabile l'insorgere di un solipsismo ridicolo e fatale. Ognuno sarebbe sicuro soltanto di quello che misura nel presente (annullando ogni possibile riferimento alla genesi o conoscenza di tipo storico e extra-misurabile nell'attimo t: in una parola, azzerando il campo epistemico). Ma questo porta ad un assurdo. Infatti le due astronavi, quando erano ferme, come facevano ad affermare che avevano uguale lunghezza? Qualunque strumento avessero adoperato (metri, luce, ecc.) bisogna investirlo di fiducia (ad esempio, che non venga alterato durante i vari passaggi di misura), contraddicendo la stessa filosofia operazionistica di annullare qualunque assunto o credo. Non solo: utilizzare qualunque dispositivo di misura per verificare, ad esempio, l'identica lunghezza delle due astronavi (ferme tra di loro), a rigore necessita (il dispositivo) di un altro di controllo (del primo), quest'ultimo di un altro ancora, e così via all'infinito (rendendo appunto, a rigore, impraticabile lo stesso operazionismo). Così se si usa una fotocellula per verificare, ad esempio, che dove termina un'astronave termina anche l'altra, a rigore (cioè volendo usare la tecnica dei "peli nell'uovo" dell'operazionismo) ci sarebbe bisogno di un secondo dispositivo di controllo per la fotocellula (per sapere, cioè, se questa sta facendo bene il suo lavoro), di un'ulteriore dispositivo per verificare quello di controllo... e così via. Volendo essere ancora più "freddi" (cioè più operazionisti) si dovrebbe ammettere che ogni catena "infinita" di dispositivi ha valore soltanto per il tempo infinitesimo t_1 ma non per t_2 successivo (cioè cosa ci assicura che non ci sia stata una variazione nel frattempo?); anzi la stessa catena di dispositivi sarebbe non sufficiente a garantire l'invarianza o

anomalia delle misura o dei dispositivi: infatti la trasmissione delle verifiche a catena non può essere istantanea per cui l'anomalia si "mimetizzerebbe" all'interno della stessa catena (e addirittura due anomalie simultanee potrebbero portare ad una misura apparentemente normale, inficiando la stessa "normalità")!

Chi voterebbe per l'operazionismo?

7. Dunque [1] l'operazionismo si basa su un credo indimostrabile, quello cioè di assumere come superflue tutte le assunzioni filosofiche (o, se si preferisce, razionali) che fanno da sfondo (campo epistemico) ad ogni osservazione e valutazione (scorporando, in altre parole, la "parte osservabile" dal "tutto ontologico" e dichiarando "reale" solo la prima); [2] l'operazionismo è impraticabile, in quanto porterebbe ad un ricorso (di osservazioni) all'infinito; [3] l'operazionismo si può addirittura combattere con lo stesso operazionismo! Infatti (e questo dimostrerebbe l'inconsistenza filosofica) le operazioni usate per la verifica sono necessariamente "creazioni umane" (in quanto atti mentali) e quindi impossibili da "totemizzare": in qualunque momento può nascere un atto mentale creativo (un'altra operazione) che elimina i limiti e la semantica della precedente.

8. Si noti che per ragioni di simmetria - stessa accelerazione e identico programma di volo - gli orologi dovrebbero essere rallentati allo stesso modo (qui assumiamo che se le astronavi si fermassero - cioè con moto relativo fra di loro uguale a zero - i relativisti riterrebbero che le relative lunghezze ritornerebbero identiche a quelle che avevano prima di partire; in realtà il nostro esperimento va ben al di là di qualunque possibile restrizione di questo tipo: esso non viene minimamente intaccato, qualunque sia la considerazione fatta a questo livello).

Potremmo utilizzare molteplici metodi (operazioni) per arrivare a dimostrare ciò che è evidente, cioè che le astronavi devono avere la stessa lunghezza (o se non la stessa allora non deve essere speculare: l'astronave A non misurerebbe la B esattamente uguale a quello che l'astronave B otterrebbe misurerando la A; ecco il motivo delle non necessarie omogeneità e isotropia spaziali); ma ciò risulta di per sé misurato dalla stessa astronave madre che rimane ferma al centro delle due in movimento.

Se identifichiamo il centro del sistema formato dalle due astronavi (il baricentro, volendo) con l'origine di un sistema di coordinate cartesiane, e se un astronave si dirige verso le x positive e l'altra verso le x negative, allora esisteranno infiniti osservatori (astronavi madri) lungo il piano individuato dagli assi y e z, ognuno con una sua propria velocità (di allontanamento o di avvicinamento rispetto all'origine) che misureranno, al momento dell'incontro (dopo cioè i rispettivi programmi di volo) delle due astronavi, avere queste identica lunghezza (anche se questa potrà cambiare dipendentemente dall'osservatore: in ogni caso le due astronavi saranno, per ogni particolare osservatore, esattamente identiche).

Il punto debole della teoria di Einstein sembra quindi essere un forzato confinamento solipsistico, tale da mascherare ogni evidenza nel piano gnoseologico a favore di un'assurda indeterminazione.

Un'interpretazione antirelativistica dell'esperimento Sagnac

Rocco Vittorio Macrì

È mia personale opinione che la teoria della relatività di Einstein sia non solo non combaciante con la realtà fisica, sia cioè fisicamente errata, ma anche logicamente falsa, cioè contraddittoria intrinsecamente.

Consideriamo due osservatori A e B posti ad una certa distanza fissa fra di loro su un sistema di riferimento galileiano K, precisamente su due punti della periferia di un disco non rotante di raggio r, aventi un angolo α rispetto al centro, dove è situato un terzo osservatore C.

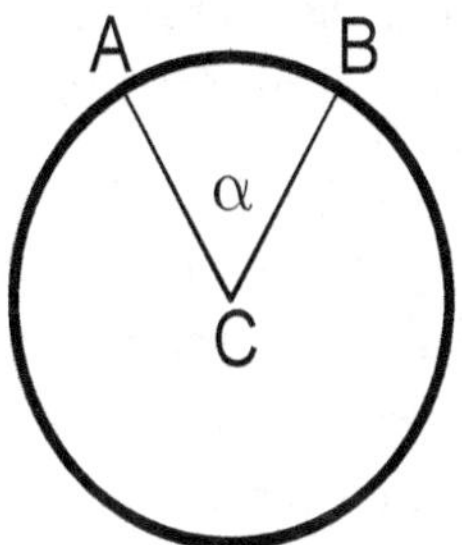

La teoria della relatività afferma (senza saper spiegare il perché, se non assiomatizzandolo) che non c'è modo di verificare una possibile velocità rispetto, ad esempio, al centro di massa dell'universo o ad un ipotetico reticolo spazio-temporale; in altri termini, a differenza dell'accelerazione, non esisterebbe una velocità "assoluta". Così un raggio di luce trasmesso da A a B deve impiegare lo stesso tempo di quello trasmesso da B ad A per un osservatore solidale col sistema di riferimento K.

Ora supponiamo che per verificare l'isotropia della velocità della luce si proceda in questo modo: A trasmette un raggio luminoso in direzione di C e contemporaneamente di B, dove con un sistema a specchi (o con qualunque altro meccanismo identico a quello posseduto da A) riflette (o ritrasmette) una parte del raggio verso C e una parte di nuovo ad A, dove viene riflessa di nuovo verso C.

In questo modo in C confluiscono tre raggi luminosi: se il tempo trascorso fra il primo raggio e il secondo è uguale a quello trascorso fra il secondo e il terzo l'isotropia è confermata. Questo è quanto l'esperienza e la logica ci suggeriscono per il sistema di riferimento inerziale K: i due intervalli di tempo (che nomineremo ΔT_{AB} e ΔT_{BA}) sono uguali (cioè $\Delta T_{AB} = \Delta T_{BA}$).

Cosa succede adesso se faremo ruotare il disco con velocità angolare costante intorno al centro dove è situato (per i nostri scopi è sufficiente che sia nelle "vicinanze" del centro) l'osservatore C? Potremo ancora confermare l'isotropia della velocità della luce fra A e B in questo nuovo sistema di riferimento K'?

Supponiamo che la rotazione avvenga in senso orario, cioè da A verso B e ripetiamo lo stesso procedimento con i raggi di luce appena descritto. Sia l'osservatore A che l'osservatore B direzioneranno il raggio verso C prendendo la direzione (ma verso opposto) dell'accelerazione centrifuga che agirà su di loro parallelamente ai raggi (del disco) C→A e C→B. Risulta evidente che il tempo impiegato dal raggio di luce per passare da A a B adesso è più lungo che quello impiegato da B ad A, e questo perché B si allontana dal raggio luminoso originato da A, mentre viceversa A si avvicina quando il raggio è trasmesso da B. Così secondo l'osservatore C (che, è bene ricordare, sta all'interno del nuovo sistema K') gli intervalli di tempo non sono più uguali ($\Delta T'_{AB} > \Delta T'_{BA}$), cioè l'isotropia sarebbe stata invalidata (e questo qualunque sia il cammino dei raggi luminosi visti dal sistema K').

A questo punto i relativisti potrebbero invocare come giustificazione di ciò l'azione delle forze inerziali, come quelle di Coriolis, che indurrebbero a parer loro un indice di rifrazione variabile nello spazio (la stessa geometria dello spazio sarebbe non euclidea). Risulta tuttavia facile controbattere queste obiezioni: a parte il fatto che ci sarebbe da chiedere [1] come potrebbe la rifrazione in se giustificare l'anisotropia della velocità della luce nell'esperimento in questione e [2] del perché la luce si incurverebbe verso il centro quando va da A a B e (a differenza di molti testi sulla relatività che ignorano ciò) verso la periferia quando va da B ad A, risulta evidente che [3] le forze inerziali possono essere diminuite a piacere diminuendo l'angolo α e aumentando il raggio, fino a renderle trascurabili; inoltre [4] l'indice di rifrazione può soltanto diminuire la velocità della luce rispetto al vuoto ma non aumentarla come invece succede nel nostro esperimento ($\Delta T'_{BA} < \Delta T_{BA}$)!

Unica salvezza dei relativisti, arrivati a questo punto, è invocare la contrazione dello spazio: $\Delta T'_{BA}$ è minore di ΔT_{BA} a causa della contrazione relativistica della distanza tra A e B. Ma allora come spiegare viceversa che $\Delta T'_{AB}$ è maggiore di ΔT_{AB}? Il "rattoppo" è una tecnica frequentemente usata dai relativisti: essi potranno ancora dire che $\Delta T'_{BA}$ è minore di ΔT_{BA} a causa della contrazione dello spazio e che $\Delta T'_{AB}$ è maggiore di ΔT_{AB} a causa dell'indice di rifrazione variabile che le forze inerziali indurrebbero allo spazio (dimenticando però il punto [3]).

Quello che tenteremo adesso è di abbattere anche quest'ultima obiezione mettendo sul banco di prova di un esperimento cruciale (e/o ideale) particolare le fondamenta della relatività intera (ristretta e generale).

Einstein afferma che volendo misurare il rapporto tra circonferenza e diametro su un disco rotante, a causa della contrazione relativistica subita dai regoli nel misurare la circonferenza (a differenza del raggio), troveremmo che è maggiore di π, invalidando così la geometria euclidea per il sistema di riferimento K' solidale col disco in rotazione. E' bene specificare che per invalidare la geometria euclidea lo stesso spazio (e non solo la materia) deve "deformarsi" in presenza di forze inerziali e pertanto non potrà esistere (pena il crollo della teoria einsteiniana) nessun "regolo" che abbia la capacità di rimanere inalterato passando da un sistema K ad uno K'. In altri termini, sulla piattaforma rotante niente al mondo potrà farci ricavare il rapporto circonferenza/diametro = π. Trovare π significa la morte dell'intera teoria della relatività.

Ritorniamo per un attimo al nostro sistema di riferimento galileiano iniziale K. Supponiamo stavolta che A e B siano due fotocellule (o fotosensori, o fotorivelatori o comunque li si voglia chiamare, d'ora in avanti FC) poste agli estremi di una serie di regoli campioni (o di un unico regolo se l'angolo α è sufficientemente piccolo) collocati alla periferia del disco. Dal centro del disco partono due raggi di luce, ad esempio da due laser montati sul disco in prossimità del centro, che puntano esattamente sulle FC. La teoria einsteiniana suggerisce che, quando il disco con sopra i laser e i fotorivelatori comincerà a ruotare, i due raggi di luce dovranno cadere (a meno di una ricalibrazione dell'apparato che incorpora i laser) sempre esattamente sulle FC (più precisamente i due raggi subiranno delle deviazioni dovute alle forze inerziali, ma saranno *esattamente uguali* per i due raggi: potremo sempre risincronizzare micrometricamente la direzione dei due raggi laser, lasciando inalterato l'angolo fra di loro - come se i cannoni laser fossero posti in modo rigido fra di loro fin dall'inizio, senza possibilità di muovere l'uno senza l'altro - in modo da ricentrare le due FC): i regoli si accorceranno (e con essi la distanza che separa A da B) ma anche i raggi luminosi seguiranno la contrazione per finire sempre su A e B... Altrimenti disporremmo di un regolo (cioè i due raggi luminosi) inalterabile al passaggio dal sistema di riferimento K al sistema K', col conseguente crollo della relatività e della geometria non euclidea (il rapporto circonferenza/diametro sarebbe ancora π).

È fondamentale la presa di coscienza di quest'ultimo punto: per quanto elevata sia la velocità del disco la relatività ci dice che se un raggio luminoso colpisce A allora l'altro deve colpire B (o più esattamente: qualora ci fossero tre laser e tre fotocellule invece di due, A - B - C, se un laser colpisce B allora necessariamente devono venire colpiti simultaneamente anche A e C).

Volendo realizzare l'esperimento per avere una verifica pratica ci troveremmo di fronte a difficoltà insuperabili data l'elevatissima velocità alla quale dovremmo far viaggiare il disco per avere un'apprezzabile contrazione. Ma esiste un'alternativa praticabile. Supponiamo per un attimo che il disco facente da supporto ci rimanga invisibile o addirittura inesistente. Per realizzare ciò basterebbe disporre i laser montati su un perno centrale in modo tale da farli girare intorno all'asse come il faro di un porto. Ma come faremmo con le FC? Potremmo renderli virtuali fissandole semplicemente in due luoghi molto distanti dal centro e facenti un angolo α con quest'ultimo. Esse rimarrebbero ferme e con due laser sufficientemente potenti riusciremmo a colpirli anche a centinaia di chilometri di distanza (più sono distanti e più possiamo permetterci di rallentare il moto rotatorio dei due laser: infatti quello che conta è la velocità tangenziale che è proporzionale al raggio).

Cosa ci proporremmo di fare in questo modo? È presto detto. Le due fotocellule ora non si trovano più sul disco (sistema K') ma fuori di esso (sistema K). Abbiamo appena detto che se fossero sul disco i raggi luminosi li avrebbero colpiti qualunque fosse la velocità del disco (a meno di una ricalibrazione a causa delle forze inerziali). Ci aspettiamo dunque adesso che i raggi laser rotanti arrivati ad una certa velocità non colpiscano più le due FC fermi contemporaneamente: ad ogni giro il contatore che è disposto al centro (cioè a metà distanza) delle due FC, se la teoria della relatività è corretta, deve ricevere un segnale alla volta dalle FC A e B in quanto la distanza "spaziale" dei due raggi e delle due fotocellule virtuali risulta accorciata a causa del moto di rotazione, mentre quella delle due FC fisse no. Quindi ecco l'esperimento cruciale: a velocità tangenziali sufficientemente elevate i due raggi colpiscono simultaneamente (rispetto al centro della distanza fra A e B) le due fotocellule fisse? Se no la relatività è corretta, se sì la relatività risulta invalidata.

Ora non è neanche necessario fare l'esperimento in pratica. Infatti già a livello mentale rimane evidente la contraddizione di fondo: perché dovrebbe accorciarsi la distanza fra A e B (se appartengono al sistema K', o l'angolo α formato dai due raggi) e non l'arco di cerchio complementare (per formare l'intera circonferenza)? Si provi a verificare l'esperimento per $\alpha = 180°$... in quale semicerchio avverrà la contrazione?

Si comprende così adesso che l'errore è stato dello stesso Einstein quando ha preteso di invalidare la geometria euclidea utilizzando un regolo e un disco in rotazione: perché i regoli si sarebbero accorciati ed il disco (la circonferenza) no? È chiaro che se la contrazione del disco fosse stata di tipo lorentziana (cioè materiale e non spaziale) non avrebbe messo in discussione la geometria euclidea: infatti oltre alla circonferenza si sarebbe accorciato anche il raggio, lasciando invariato π. Ma una contrazione di tipo Fitzgerald-Lorentz annulla di fatto tutta l'impalcatura einsteiniana. Siamo infatti in grado di dimostrare che non esiste relatività di spazio e tempo nel sistema di riferimento K'.

Viene recuperato così il vero significato dell'esperimento di Sagnac: la *non* relativizzazione della velocità dell'osservatore nei confronti della luce. Le forze di Coriolis, per quanto abbiamo detto fino adesso, non possono spiegare il risultato di tale esperimento: queste possono essere indebolite a piacere aumentando il numero degli specchi (cioè portando il percorso dei raggi luminosi più vicino alla periferia del disco) senza che ciò inferisca sull'effetto dell'esperimento (ecco un altro esperimento cruciale che sarebbe il caso di fare... si potrebbe addirittura provare a sfruttare una fibra ottica posta intorno alla periferia del disco...).

Con un disco rotante Einstein inaugurò la sua relatività generale, con lo stesso oggi abbiamo messo in discussione l'intera teoria. Questo è l'altro lato dell'operazionismo: un'idea suscita una teoria; un'altra, ad un livello superiore, la demolisce.

TRIGONOMETRIA RELATIVISTICA

ROCCO VITTORIO MACRÌ

Il *fattore relativistico* β $(= \gamma^{-1})$ può essere riformulato nel modo seguente:

$$\beta = \sqrt{1 - \frac{v^2}{c^2}} = \sqrt{\frac{c^2 - v^2}{c^2}} = \frac{1}{c}\sqrt{c^2 - v^2}$$

Il significato geometrico-concettuale di quest'ultimo radicando risulta evidente a chiunque abbia un minimo di cognizioni trigonometriche elementari. L'espressione sotto radice, infatti, ricorda immediatamente il teorema di Pitagora: la differenza di due quadrati è uguale ad un quadrato; si ha quindi geometricamente:

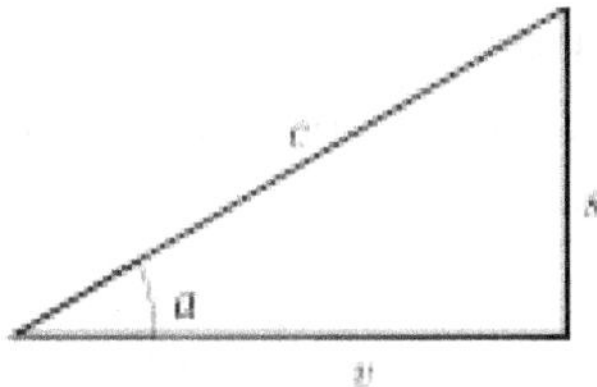

Ma allora $\sqrt{c^2 - v^2}$ è uguale a s, così come $\beta = \sqrt{1 - \frac{v^2}{c^2}} = \frac{s}{c} = \sin \alpha$, mentre $\gamma = \beta^{-1} = \frac{c}{s} = \csc \alpha$.

D'altra parte, tenendo in mente la figura si sarebbe potuto scrivere equivalentemente:

$$\sqrt{1 - \frac{v^2}{c^2}} = \sqrt{1 - \cos^2 \alpha} = \sin \alpha = \frac{s}{c}$$

Se ora indichiamo con CR e CC rispettivamente il *clock-rate* (o frequenza) e il *clock-counter* (o num. d'onda, o di scatti, equivalente alla posizione delle lancette) dell'orologio in movimento, con CR_0 e CC_0 quelli dell'orologio a riposo rispetto all'Æ-F (*aether frame*), e con ℓ_0 e t_0 una generica lunghezza e il tempo impiegato a percorrerla dalla luce, si ha:

$$CC = CR t = CR_0 \beta t = CR_0 \frac{s}{c} t = CR_0 \frac{s}{\ell_0/t_0} t = CR_0 t_0 s \frac{t}{\ell_0}$$

$$= CR_0 t_0 \frac{s}{v} = CR_0 t_0 \tan \alpha = CC_0 \tan \alpha$$

Si noti che, grazie all'introduzione dei concetti di *clock-rate* e *clock-counter*, la variabile tempo (t) non viene relativisticamente intaccata: la variazione (dilatazione) avviene a livello del CR . Se focalizziamo la nostra attenzione ai due estremi di questa espressione troviamo che per raggiungere l'uguaglianza del CC col CC_0 basta porre $\tan \alpha = 1$. Si ha, dunque:

$$\tan \alpha = 1 \quad \rightarrow \quad \frac{s}{v} = 1 \quad \rightarrow \quad \frac{\sqrt{c^2 - v^2}}{v} = 1 \quad \rightarrow \quad c^2 - v^2$$

$$= v^2 \quad \rightarrow \quad v = \frac{c}{\sqrt{2}}$$

Dunque, per $v = \frac{c}{\sqrt{2}}$ si ha $CC = CC_0$. Qual è il significato fisico di ciò? Semplicemente che il CC_0 , il numero di "battiti" del clock, misurato dal sistema "fermo" durante il tragitto effettuato da un fascio luminoso per coprire una generica lunghezza ℓ_0 , è identico a quello misurato dal sistema in moto per compiere lo stesso tragitto (il quale ci metterà più tempo ma ad un *clock-rate* rallentato, parificando il numero di battiti totale). Soltanto ad una precisa velocità v si avrà coincidenza tra il "tempo" impiegato dalla luce e il "tempo proprio" di un orologio in moto percorrente la stessa traiettoria: quando v sarà uguale a $c/\sqrt{2}$.

Finito di stampare nel mese di Luglio 2015
per conto di Youcanprint *Self-Publishing*